全国中等职业技术学校电工类专业一体化精品教材

电气控制线路安装与检修

（学生指导用书）

中国劳动社会保障出版社

图书在版编目(CIP)数据

电气控制线路安装与检修：学生指导用书/人力资源和社会保障部教材办公室组织编写. —北京：中国劳动社会保障出版社，2010

全国中等职业技术学校电工类专业一体化精品教材

ISBN 978-7-5045-8503-5

Ⅰ.①电… Ⅱ.①人… Ⅲ.①电气控制-控制电路-安装-专业学校-教学参考资料②电气控制-控制电路-维修-专业学校-教学参考资料 Ⅳ.①TM571.2

中国版本图书馆 CIP 数据核字(2010)第 182276 号

中国劳动社会保障出版社出版发行

（北京市惠新东街1号 邮政编码：100029）

出 版 人：张梦欣

*

北京市科星印刷有限责任公司印刷装订 新华书店经销

787毫米×1092毫米 16开本 16印张 372千字

2010年9月第1版 2024年11月第16次印刷

定价：26.00元

营销中心电话：400-606-6496

出版社网址：http://www.class.com.cn

http://jg.class.com.cn

目 录

※动手实践

星号（*）部分可作为选修内容。

动 手 实 践

模块一　三相异步电动机基本控制线路的安装与检修

项 目 一

三相异步电动机正转控制电路的安装与检修

任务 1　手动正转控制电路的安装与检修

一、手动正转控制电路的安装

1. 熟悉任务流程

参照教材中的任务流程图，熟悉本任务的主要工作步骤。

2. 按要求完成以下任务

（1）画出原理图

a ____________________　　　　b ____________________

c ____________________　　　　d ____________________

（2）根据原理图画出元件布置图

a ________________ b ________________

c ________________ d ________________

（3）元器件的选择及检测

参照教材中的元器件明细表选择元器件，并检测其是否完好。

（4）画出接线图

a ________________ b ________________

c ________________ d ________________

3. 布线

参照教材中的方法和要求，完成布线。

4. 自检

表 1—1—1

步骤	自检项目	过程记录	备注
1	按电路图或接线图从电源端开始，逐段核对接线及接线端子处线号是否正确，有无漏接、错接之处		
2	检查导线接点是否符合要求，压接是否牢固		
3	接点接触应良好，以避免带负载运转时产生闪弧现象		
4	用万用表检查线路的通断情况 （1）主线路的检测 （2）控制线路的检测		检查时，应选用倍率适当的电阻挡，并进行调零，以防发生短路故障
5	用兆欧表检查线路的绝缘电阻，其阻值不得小于 1 MΩ		

5. 线路安装任务评价

表 1—1—2

项目内容	配分	扣分原因				扣分
装前检查	5 分					
安装元件	15 分					
布线	40 分					
通电试车	40 分					
管理规范						
定额时间						
成绩						
开始时间		结束时间		实际时间		

二、手动正转控制电路的检修

1. 熟悉任务流程

参照教材中的任务流程图，熟悉本任务的主要工作步骤。

2. 判断故障并排除

（1）常见故障举例

故障现象：接通电源后，合上 QS，电动机不动或者发出“嗡嗡”声（缺相）。

1）根据线路工作原理，判定故障范围，如图 1—1—1 所示。

2）用电阻法确定故障点。首先切断总电源，合上 QS，把万用表转换开关置于电阻挡（R×100）并调零。

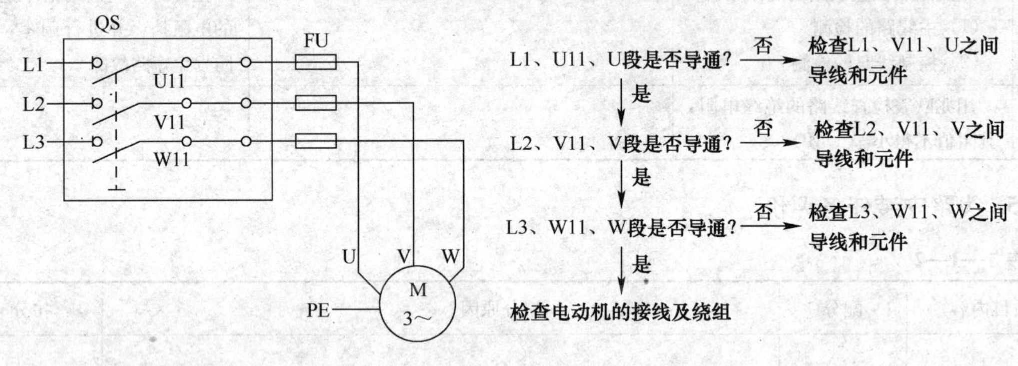

图 1—1—1

3）根据故障点的不同情况，采取正确的修复方法，迅速排除故障。

4）排除故障后通电试车。

（2）分析、排除实训线路故障，并做好记录

表 1—1—3

故障现象	
故障分析	
故障测量与排除方法	

3. 线路检修任务评价

表 1—1—4

项目内容	配分	扣分原因				扣分
故障分析	20 分					
排除故障	40 分					
通电试车	40 分					
管理规范						
定额时间						
成绩						
开始时间		结束时间		实际时间		

三、能力拓展

观察实训室（或家里）所用断路器的型号、外观，并查阅相关资料，尝试做一个简单的产品说明书。

任务 2　点动正转控制电路的安装与检修

一、点动正转控制电路的安装

1. 熟悉任务流程

参照教材中的任务流程图，熟悉本任务的主要工作步骤。

2. 按要求完成以下安装任务

（1）画出原理图

（2）根据原理图画出元件布置图

（3）元器件选择及检测

参照教材中的元器件明细表选择元器件，并检测其是否完好。

（4）根据原理图画出接线图

3. 安装并接线

电动机的金属外壳必须可靠接地。接至电动机的导线，必须穿在导线通道内加以保护，或采用坚韧的四芯橡皮线或塑料护套线进行临时通电校验。

4. 自检

表 1—1—5

序号	检测任务	操作方法		正确阻值	测量阻值	备注
1	检测主电路	测量 XT 的 U11 与 V11、U11 与 W11、V11 与 W11 之间的阻值	常态时，不动作任何元件	均为∞		R×10 kΩ 挡
2			压下 KM	均为 M 两相定子绕组的阻值之和		R×1 Ω 挡
3	检测控制电路	测量 XT 的 U11 与 V11 之间的阻值	按下 SB1	KM 线圈的阻值		R×100 Ω 挡

5. 线路安装任务评价（参考表 1—1—2）

表 1—1—6

项目内容	配分	扣分原因				扣分
装前检查	5 分					
安装元件	15 分					
布线	40 分					
通电试车	40 分					
管理规范						
定额时间						
成绩						
开始时间		结束时间		实际时间		

二、点动正转控制电路的检修

1. 熟悉任务流程

参照教材中的任务流程图，熟悉本任务的主要工作步骤。

2. 判断故障并排除

（1）故障检修举例一

故障现象：接通电源后，按下按钮 SB，电动机不转动，接触器线圈不吸合。

1）故障范围：根据故障现象分析得出，故障范围在控制电路部分，如图 1—1—2 所示。

2）排查故障点：用测量法（电压法）准确、迅速地找出故障点。

（注意：测量时用万用表交流电压 500 V 挡，合上 QF 电源。）

3）根据故障点的不同情况，采取正确的修复方法，迅速排除故障。

4）排除故障后通电试车。

（2）故障检修举例二

故障现象：按下按钮 SB，接触器 KM 线圈吸合，但电动机不转动（或缺相）。

1）故障范围：根据故障现象分析得出，故障范围在主电路部分，如图 1—1—3 所示。

2）排查故障点：用测量法（电压法）准确、迅速地找出故障点。

（注意：测量时用万用表交流电压 500 V 挡，合上 QF 电源。）

3）根据故障点的不同情况，采取正确的修复方法，迅速排除故障。

4）排除故障后通电试车。

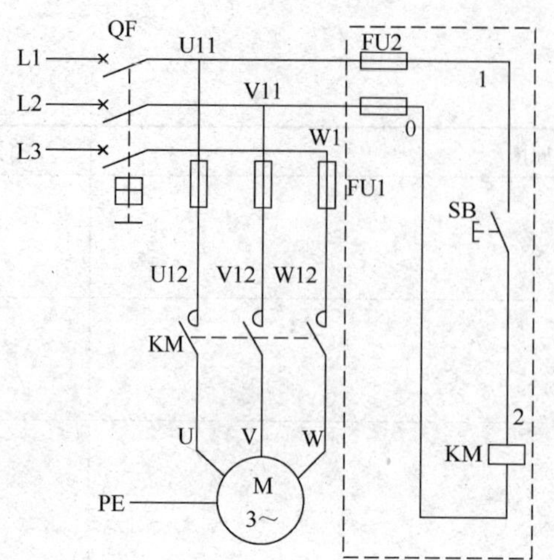

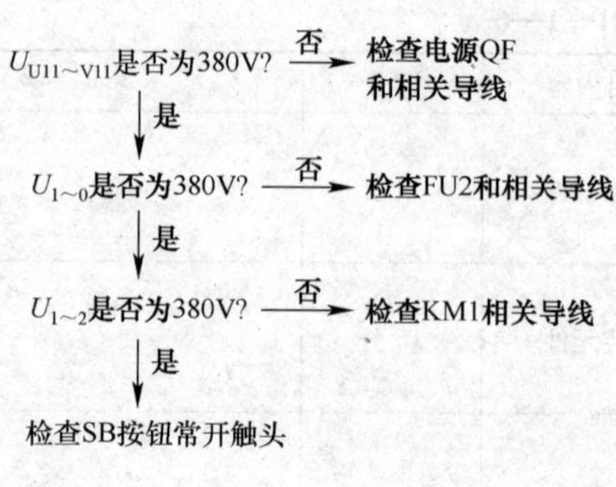

图 1—1—2

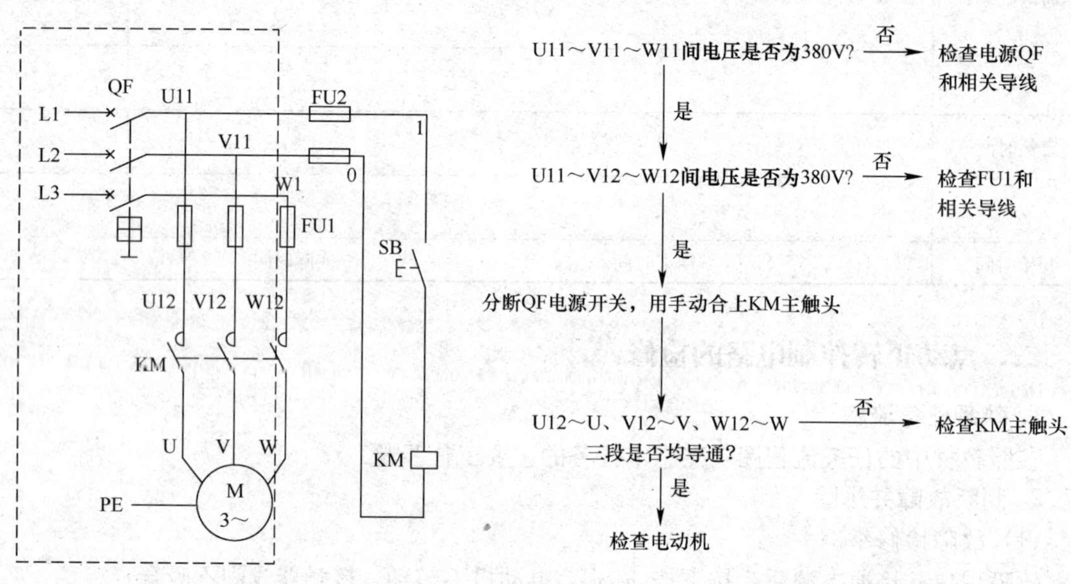

图 1—1—3

（3）分析、排除实训线路故障，并做好记录

表 1—1—7

故障现象	
故障分析	
测量与排除方法	

3. 线路检修任务评价（参考表 1—1—4）

表 1—1—8

项目内容	配分	扣分原因				扣分
故障分析	20 分					
排除故障	40 分					
通电试车	40 分					
管理规范						
定额时间						
成绩						
开始时间		结束时间		实际时间		

三、能力拓展

到网上搜索一下，或走访低压电器厂家、专卖店和使用单位，你会认识更多的接触器。比一比，看看谁收集得更多一些，分组讨论整理后，作为资料备用。

任务 3　接触器自锁正转控制电路的安装与检修

一、接触器自锁控制电路的安装

1. 熟悉任务流程

参照教材中的任务流程图，熟悉本任务的主要工作步骤。

2. 按要求完成以下安装任务

（1）画出原理图

（2）根据原理图画出元件布置图

（3）元器件选择及检测

参照教材中的元器件明细表选择元器件，并检测其是否完好。

（4）根据原理图，画出接线图

3. 安装并接线

电动机的金属外壳必须可靠接地。接至电动机的导线，必须穿在导线通道内加以保护，或采用坚韧的四芯橡皮线或塑料护套线进行临时通电校验。

4. 自检

表 1—1—9

<table>
<tr><th>序号</th><th>检测任务</th><th colspan="2">操作方法</th><th>正确阻值</th><th>测量阻值</th><th>备注</th></tr>
<tr><td>1</td><td rowspan="2">检测主电路</td><td rowspan="2">测量 XT 的 U11 与 V11、U11 与 W11、V11 与 W11 之间的阻值</td><td>常态时，不动作任何元件</td><td>均为∞</td><td></td><td></td></tr>
<tr><td>2</td><td>压下 KM</td><td>均为 M 两相定子绕组的阻值之和</td><td></td><td></td></tr>
<tr><td>3</td><td rowspan="2">检测控制电路</td><td rowspan="2">测量 XT 的 U11 与 V11 之间的阻值</td><td>按下 SB1</td><td rowspan="2">KM 线圈的阻值</td><td></td><td rowspan="2"></td></tr>
<tr><td>4</td><td>压下 KM</td><td></td></tr>
</table>

5. 线路安装任务评价

表 1—1—10

项目内容	配分	扣分原因				扣分
装前检查	5分					
安装元件	15分					
布线	40分					
通电试车	40分					
管理规范						
定额时间						
成绩						
开始时间		结束时间		实际时间		

二、手动三相异步电动机正转控制电路的检修

1. 任务流程图

参照教材中的任务流程图，熟悉本任务的主要工作步骤。

2. 判断故障并排除

（1）故障检修举例一

故障现象：按下按钮 SB1，KM 线圈不吸合。

1）故障分析：根据工作原理和故障现象分析得出，故障范围在控制线路部分，如图1—1—4所示。

2）排查故障点：用测量法（电压法）准确，迅速地找出故障点。

（注意：测量时用万用表交流电压 500 V 挡，合上 QF 电源。）

3）根据故障点的不同情况，采取正确的修复方法，迅速排除故障。

4）排除故障后通电试车。

（2）故障检修举例二

故障现象：接通电源后，按下 SB1，KM 线圈吸合。放开 SB1，KM 线圈释放（KM 线圈点动）。

1）故障分析：根据故障现象分析得出，故障范围在自锁部分，如图 1—1—5 所示。

2）排查故障点：用测量法（电压法）准确、迅速地找出故障点。

（注意：测量时用万用表交流电压 500 V 挡，合上 QF 电源。）

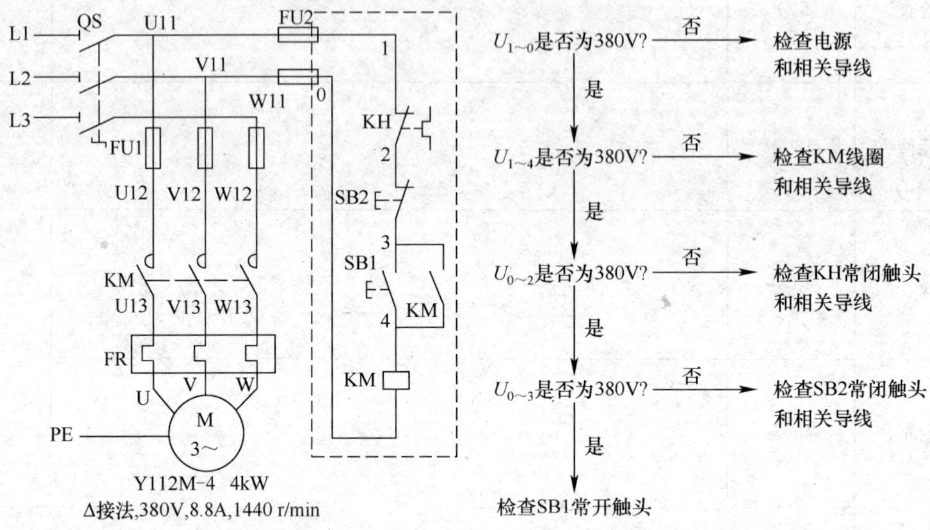

图 1—1—4

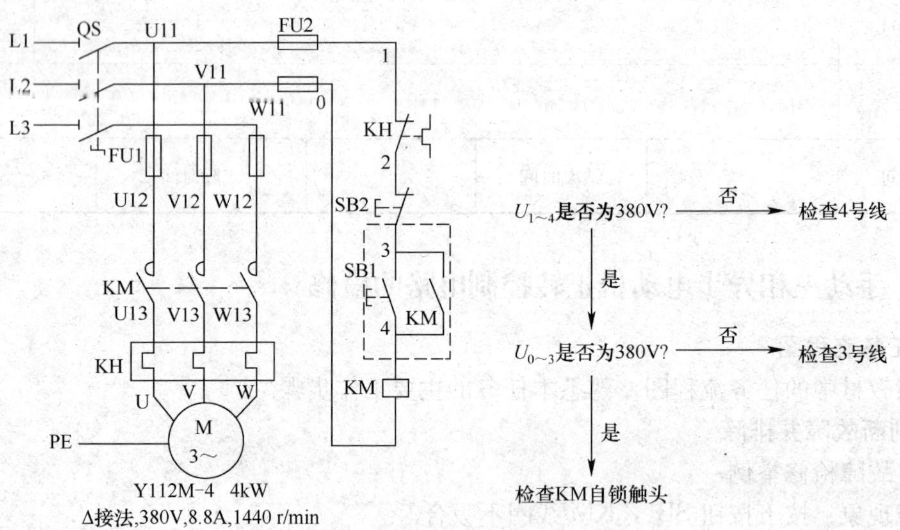

图 1—1—5

3）根据故障点的不同情况，采取正确的修复方法，迅速排除故障。

4）排除故障后通电试车。

（3）故障检修举例三

故障现象：按下按钮 SB，接触器 KM 线圈吸合，但电动机不转动（或缺相）。

1）故障范围：根据故障现象分析得出，故障范围在主电路部分，如图 1—1—6 所示。

2）排查故障点：用测量法（电压法或电阻测量法）准确、迅速地找出故障点。（注意：测量时用万用表交流电压 500 V 挡，合上 QS 电源。）

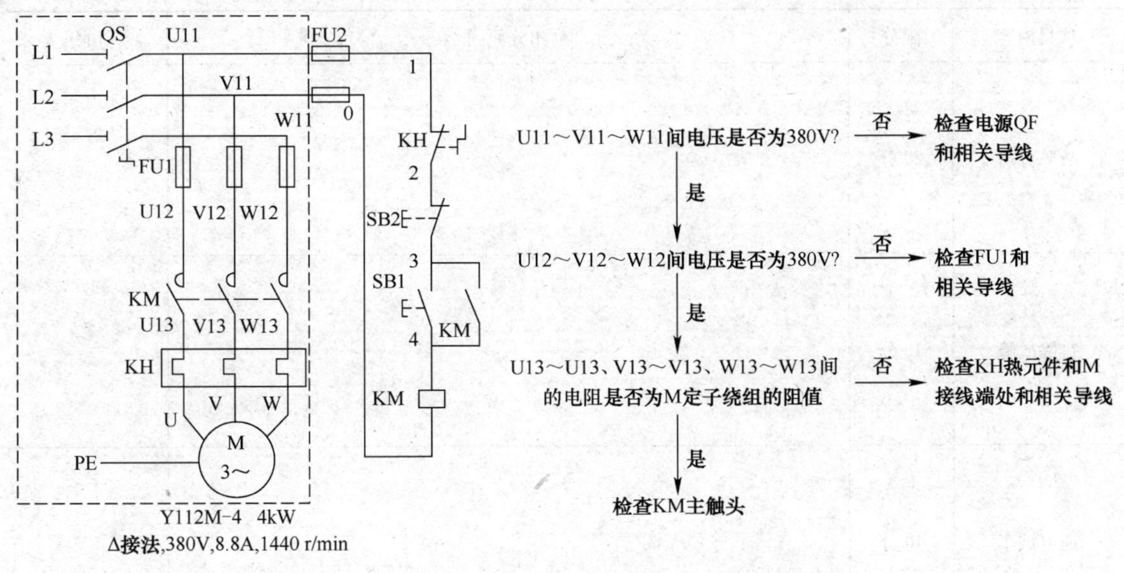

图 1—1—6

3）根据故障点的不同情况，采取正确的修复方法，迅速排除故障。

4）排除故障后通电试车。

（4）分析、排除实训线路故障，并做好记录。

表 1—1—11

故障现象	
故障分析	
测量与排除方法	

3. 线路检修任务评价

表 1—1—12

项目内容	配分	扣分原因				扣分
故障分析	20 分					
排除故障	40 分					
通电试车	40 分					
管理规范						
定额时间						
成绩						
开始时间		结束时间		实际时间		

三、能力拓展

到网上搜索一下，或走访低压电器厂家、专卖店和使用单位，你会认识更多的热继电器。比一比，看看谁收集得更多一些，分组讨论整理后，作为资料备用。

任务 4　连续与点动混合正转控制电路的安装与检修

一、三相异步电动机连续与点动混合正转控制电路的安装

1. 熟悉任务流程

参照教材中的任务流程图，熟悉本任务的主要工作步骤。

2. 按要求完成以下安装任务

（1）画出原理图

（2）根据原理图，画出元件布置图

（3）元器件选择及检测

参照教材中的元器件明细表选择元器件，并检测其是否完好。

（4）根据原理图，画出接线图

3. 安装并接线

电动机的金属外壳必须可靠接地。接至电动机的导线，必须穿在导线通道内加以保护，或采用坚韧的四芯橡皮线或塑料护套线进行临时通电校验。

4. 自检

表 1—1—13

<table>
<tr><th>序号</th><th>检测任务</th><th colspan="2">操作方法</th><th>正确阻值</th><th>测量阻值</th><th>备注</th></tr>
<tr><td>1</td><td rowspan="2">检测主电路</td><td rowspan="2">测量 XT 的 U11 与 V11、U11 与 W11、V11 与 W11 之间的阻值</td><td>常态时，不动作任何元件</td><td>均为∞</td><td></td><td></td></tr>
<tr><td>2</td><td>压下 KM</td><td>均为 M 两相定子绕组的阻值之和</td><td></td><td></td></tr>
<tr><td>3</td><td rowspan="3">检测控制电路</td><td rowspan="3">测量 XT 的 U11 与 V11 之间的阻值</td><td>按下 SB1</td><td rowspan="3">KM 线圈的阻值</td><td></td><td rowspan="3"></td></tr>
<tr><td>4</td><td>按下 SB3</td><td></td></tr>
<tr><td>5</td><td>压下 KM</td><td></td></tr>
</table>

5. 线路安装任务评价

表 1—1—14

<table>
<tr><th>项目内容</th><th>配分</th><th colspan="4">扣分原因</th><th>扣分</th></tr>
<tr><td>装前检查</td><td>5 分</td><td colspan="4"></td><td></td></tr>
<tr><td>安装元件</td><td>15 分</td><td colspan="4"></td><td></td></tr>
<tr><td>布线</td><td>40 分</td><td colspan="4"></td><td></td></tr>
<tr><td>通电试车</td><td>40 分</td><td colspan="4"></td><td></td></tr>
<tr><td>管理规范</td><td colspan="5"></td><td></td></tr>
<tr><td>定额时间</td><td colspan="5"></td><td></td></tr>
<tr><td>成绩</td><td colspan="6"></td></tr>
<tr><td>开始时间</td><td></td><td>结束时间</td><td></td><td>实际时间</td><td colspan="2"></td></tr>
</table>

二、三相异步电动机连续与点动混合正转控制电路的检修

1. 熟悉任务流程

参照教材中的任务流程图，熟悉本任务的主要工作步骤。

2. 判断故障并排除

（1）常见故障举例

故障现象：接通电源后，按下连续按钮 SB3 后，KM 线圈点动。

1）故障范围：根据故障现象分析得出，故障范围在自锁部分，如图 1—1—7 所示。

2）排查故障点：用测量法（电压法）准确、迅速地找出故障点。

（注意：测量时用万用表交流电压 500 V 挡，合上 QF 电源。）

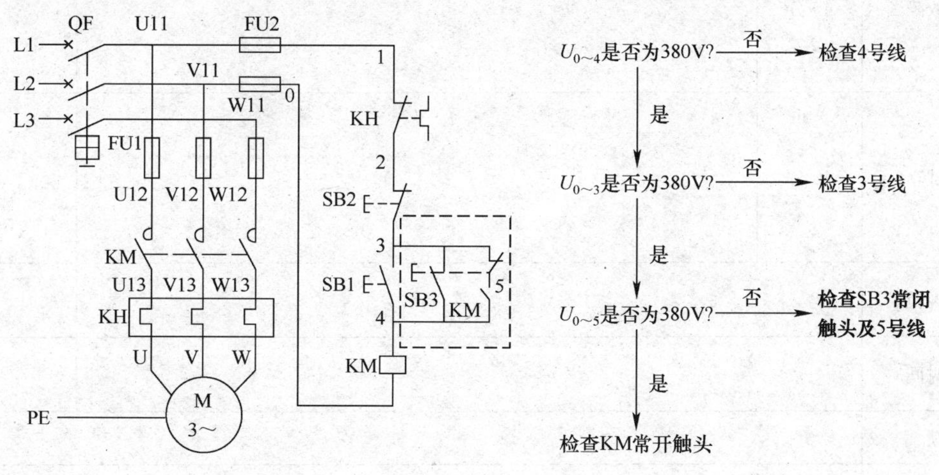

图 1—1—7

3）根据故障点的不同情况，采取正确的修复方法，迅速排除故障。

4）排除故障后通电试车。

（2）分析、排除线路故障，并做好记录

表 1—1—15

故障现象	
故障分析	
测量与排除方法	

3. 线路检修任务评价

表 1—1—16

项目内容	配分			扣分原因		扣分
故障分析	20 分					
排除故障	40 分					
通电试车	40 分					
管理规范						
定额时间						
成绩						
开始时间		结束时间		实际时间		

三、能力拓展

到网上搜索一下，或走访低压电器厂家、专卖店和使用单位，你会认识更多的按钮。比一比，看看谁收集得更多一些，分组讨论整理后，作为资料备用。

项目二

三相异步电动机正反转控制电路的安装与检修

任务1　倒顺开关控制正反转控制电路的安装与检修

一、异步电动机倒顺开关控制正反转控制电路的安装

1. 熟悉任务流程

参照教材中的任务流程图，熟悉本任务的主要工作步骤。

2. 按要求完成以下安装任务

（1）画出原理图

（2）根据原理图画出元件布置图

（3）元器件选择及检测

参照教材中的元器件明细表选择元器件，并检测其是否完好。

（4）根据原理图画出接线图

3. 安装并接线

电动机的金属外壳必须可靠接地。接至电动机的导线，必须穿在导线通道内加以保护，或采用坚韧的四芯橡皮线或塑料护套线进行临时通电校验。

4. 自检

表 1—2—1

<table>
<tr><th>序号</th><th>检测任务</th><th colspan="2">操作方法</th><th>正确阻值</th><th>测量阻值</th><th>备注</th></tr>
<tr><td>1</td><td rowspan="3">检测主电路</td><td rowspan="3">测量 XT 的 U11 与 V11、U11 与 W11、V11 与 W11 之间的阻值</td><td>常态时，不动作任何元件</td><td>均为∞</td><td></td><td></td></tr>
<tr><td>2</td><td>倒</td><td rowspan="2">均为电动机两相定子绕组的阻值之和</td><td></td><td></td></tr>
<tr><td>3</td><td>顺</td><td></td><td></td></tr>
</table>

5. 线路安装任务评价

表 1—2—2

<table>
<tr><th>项目内容</th><th>配分</th><th colspan="4">扣分原因</th><th>扣分</th></tr>
<tr><td>装前检查</td><td>5 分</td><td colspan="4"></td><td></td></tr>
<tr><td>安装元件</td><td>15 分</td><td colspan="4"></td><td></td></tr>
<tr><td>布线</td><td>40 分</td><td colspan="4"></td><td></td></tr>
<tr><td>通电试车</td><td>40 分</td><td colspan="4"></td><td></td></tr>
<tr><td>管理规范</td><td colspan="5"></td><td></td></tr>
<tr><td>定额时间</td><td colspan="5"></td><td></td></tr>
<tr><td>成绩</td><td colspan="6"></td></tr>
<tr><td>开始时间</td><td></td><td>结束时间</td><td></td><td>实际时间</td><td colspan="2"></td></tr>
</table>

二、异步电动机倒顺开关控制正反转控制电路的检修

1. 熟悉任务流程

参照教材中的任务流程图，熟悉本任务的主要工作步骤。

2. 判断故障并排除

（1）常见故障举例

故障现象：倒顺开关置于“倒”和“顺”两个位置，电动机都不启动。

1）故障分析：故障范围如图 1—2—1 所示。

2）排查故障点：用测量法（电压法）准确、迅速地找出故障点。

（注意：测量时用万用表交流电压 500 V 挡，合上 QF 电源。）

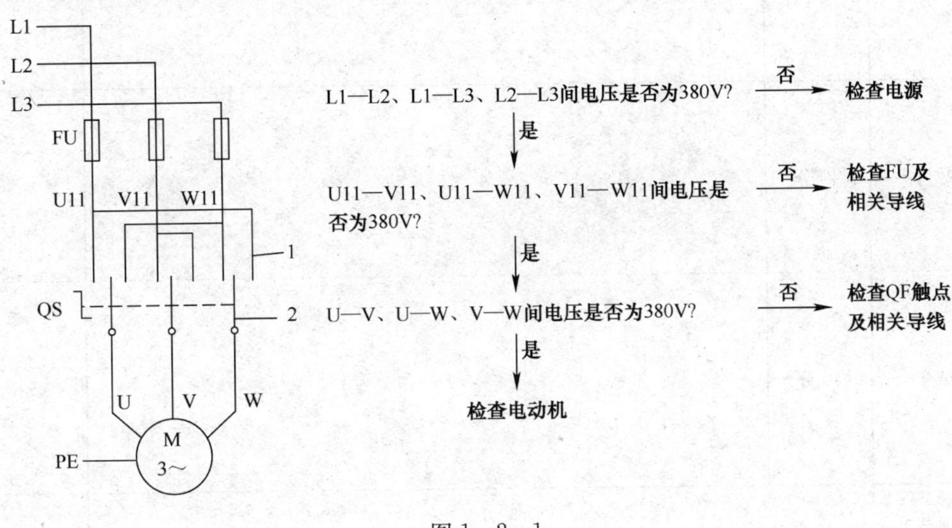

图 1—2—1

3）根据故障点的不同情况，采取正确的修复方法，迅速排除故障。

4）排除故障后通电试车。

（2）分析、排除实训线路故障，并做好记录

表 1—2—3

故障现象	
故障分析	
测量与排除方法	

3. 线路检修任务评价

表 1—2—4

<table>
<tr><td>项目内容</td><td>配分</td><td colspan="4">扣分原因</td><td>扣分</td></tr>
<tr><td>故障分析</td><td>20 分</td><td colspan="4"></td><td></td></tr>
<tr><td>排除故障</td><td>40 分</td><td colspan="4"></td><td></td></tr>
<tr><td>通电试车</td><td>40 分</td><td colspan="4"></td><td></td></tr>
<tr><td>管理规范</td><td colspan="5"></td><td></td></tr>
<tr><td>定额时间</td><td colspan="5"></td><td></td></tr>
<tr><td>成绩</td><td colspan="6"></td></tr>
<tr><td>开始时间</td><td></td><td>结束时间</td><td></td><td>实际时间</td><td colspan="2"></td></tr>
</table>

三、能力拓展

倒顺开关正反转控制线路的优缺点各是什么？能否用按钮、接触器代替倒顺开关来实现电动机正反转的自动控制？如能，请画出线路图。

任务 2　接触器联锁正反转控制电路的安装与检修

一、异步电动机接触器联锁正反转控制电路的安装

1. 熟悉任务流程

参照教材中的任务流程图，熟悉本任务的主要工作步骤。

2. 按要求完成以下安装任务

（1）画出原理图

（2）根据原理图画出元件布置图

（3）元器件选择及检测

参照教材中的元器件明细表选择元器件，并检测其是否完好。

（4）根据原理图画出接线图

3. 安装并接线

电动机的金属外壳必须可靠接地。接至电动机的导线，必须穿在导线通道内加以保护，或采用坚韧的四芯橡皮线或塑料护套线进行临时通电校验。

4. 自检

表 1—2—5

序号	检测任务	操作方法		正确阻值	测量阻值	备注
1	检测主电路	测量 XT 的 U11 与 V11、U11 与 W11、V11 与 W11 之间的阻值	常态时，不动作任何元件	均为∞		
2			压下 KM1	均为 M 两相定子绕组的阻值之和		
3			压下 KM2			

续表

序号	检测任务	操作方法		正确阻值	测量阻值	备注
4	检测控制电路	测量 XT 的 U11 与 V11 之间的阻值	按下 SB1	均为 KM1 的线圈		
5			压下 KM1			
6			按下 SB2	均为 KM2 的线圈		
7			压下 KM2			

5. 线路安装任务评价

表 1—2—6

项目内容	配分	扣分原因				扣分
装前检查	5 分					
安装元件	15 分					
布线	40 分					
通电试车	40 分					
管理规范						
定额时间						
成绩						
开始时间		结束时间		实际时间		

二、异步电动机接触器连锁正反转控制电路的安装与检修

1. 任务流程图

参照教材中的任务流程图，熟悉本任务的主要工作步骤。

2. 判断故障并排除

（1）常见故障举例

故障现象：按下按钮 SB1，电动机无法正转，接触器线圈不吸合，按下按钮 SB2，电动机反转，接触器吸合。

1）故障范围：根据故障现象分析得出，故障范围在正转控制电路部分，如图 1—2—2 所示。

2）排查故障点：用测量法（电压法）准确、迅速地找出故障点。

（注意：测量时用万用表交流电压 500 V 挡，合上 QF 电源。）

3）根据故障点的不同情况，采取正确的修复方法，迅速排除故障。

4）排除故障后通电试车。

（2）完成以下故障分析

故障现象：接通电源后，按下按钮 SB1，电动机正转，接触器线圈吸合。按下按钮 SB2，电动机无法反转，接触器不吸合。

1）故障范围：根据故障现象分析得出，故障范围在________________。在图1—2—3 中画出。

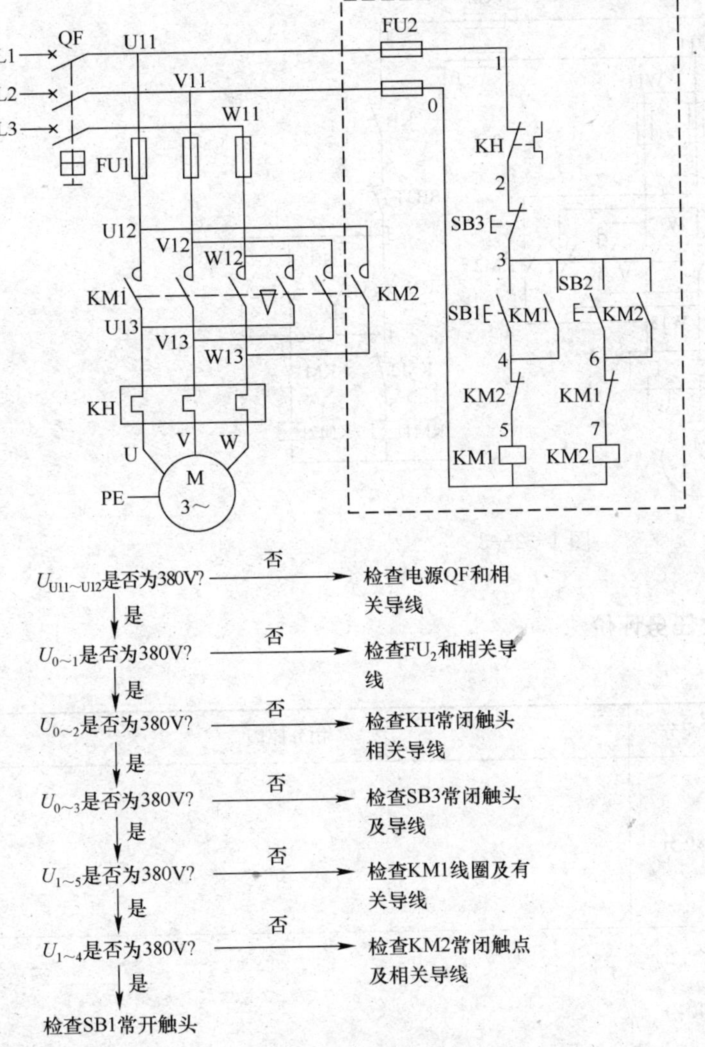

图 1—2—2

2）排查故障点：用测量法（电压法）准确、迅速地找出故障点。在图 1—2—3 右侧写出测量流程。

（注意：测量时用万用表交流电压 500 V 挡，合上 QF 电源。）

（3）分析、检修实训线路故障，并做好记录

表 1—2—7

故障现象	
故障分析	
测量与排除方法	

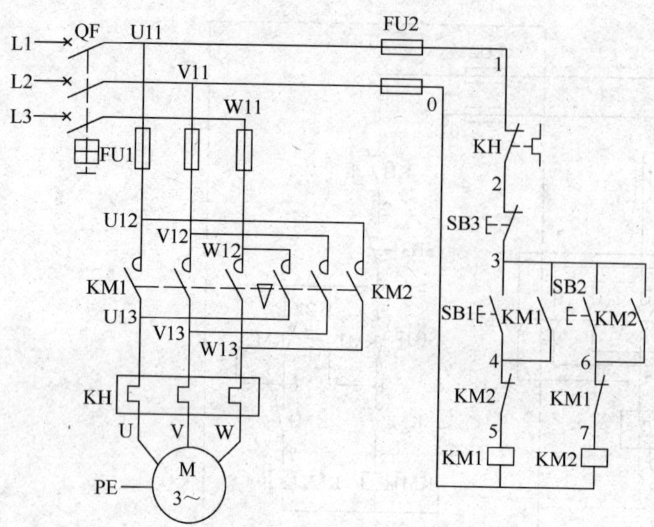

图 1—2—3

3. 线路排故任务评价

表 1—2—8

项目内容	配分	扣分原因	扣分
故障分析	20 分		
排除故障	40 分		
通电试车	40 分		
管理规范			
定额时间			
成绩			

开始时间		结束时间		实际时间	

三、能力拓展

接触器联锁正反转控制线路在实际应用过程中操作很烦琐（必须先按停止按钮才能实现反转），有没有办法既安全又方便地实现正反转呢？请设计方案进行技术改造。

任务3　按钮、接触器双重联锁正反转控制电路的安装与检修

一、按钮、接触器双重联锁正反转控制电路的安装

1. 熟悉任务流程

参照教材中的任务流程图，熟悉本任务的主要工作步骤。

2. 按要求完成以下安装任务

（1）画出原理图

（2）根据原理图画出元件布置图

（3）元器件选择及检测

参照教材中的元器件明细表选择元器件，并检测其是否完好。

（4）根据原理图画出接线图

3. 安装并接线

电动机的金属外壳必须可靠接地。接至电动机的导线，必须穿在导线通道内加以保护，或采用坚韧的四芯橡皮线或塑料护套线进行临时通电校验。

4. 自检

表 1—2—9

<table>
<tr><th>序号</th><th>检测任务</th><th colspan="2">操作方法</th><th>正确阻值</th><th>测量阻值</th><th>备注</th></tr>
<tr><td>1</td><td rowspan="3">检测主电路</td><td rowspan="3">测量 XT 的 U11 与 V11、U11 与 W11、V11 与 W11 之间的阻值</td><td>常态时，不动作任何元件</td><td>均为∞</td><td></td><td></td></tr>
<tr><td>2</td><td>压下 KM1</td><td rowspan="2">均为 M 两相定子绕组的阻值之和</td><td></td><td></td></tr>
<tr><td>3</td><td>压下 KM2</td><td></td><td></td></tr>
<tr><td>4</td><td rowspan="2">检测控制电路</td><td rowspan="2">测量 XT 的 U11 与 V11 之间的阻值</td><td>按下 SB1</td><td rowspan="2">均为 KM1 的线圈</td><td></td><td></td></tr>
<tr><td>5</td><td>压下 KM1</td><td></td><td></td></tr>
</table>

5. 线路安装任务评价

表 1—2—10

<table>
<tr><th>项目内容</th><th>配分</th><th colspan="4">扣分原因</th><th>扣分</th></tr>
<tr><td>装前检查</td><td>5 分</td><td colspan="4"></td><td></td></tr>
<tr><td>安装元件</td><td>15 分</td><td colspan="4"></td><td></td></tr>
<tr><td>布线</td><td>40 分</td><td colspan="4"></td><td></td></tr>
<tr><td>通电试车</td><td>40 分</td><td colspan="4"></td><td></td></tr>
<tr><td>管理规范</td><td colspan="5"></td><td></td></tr>
<tr><td>定额时间</td><td colspan="5"></td><td></td></tr>
<tr><td>成绩</td><td colspan="6"></td></tr>
<tr><td>开始时间</td><td></td><td>结束时间</td><td></td><td>实际时间</td><td colspan="2"></td></tr>
</table>

二、按钮、接触器双重联锁正反转控制电路的检修

1. 熟悉任务流程

参照教材中的任务流程图，熟悉本任务的主要工作步骤。

2. 判断故障并排除

（1）完成以下故障的分析

故障现象：接通电源后，按下按钮 SB1，电动机无法正转，接触器线圈不吸合。按下按钮 SB2，电动机反转转动，接触器吸合。

1）故障范围：根据故障现象分析得出，故障范围在________________。在图 1—2—4 中画出。

2）排查故障点：用测量法（电压法）准确、迅速地找出故障点。在图 1—2—4 右侧写出测量流程。

（注意：测量时用万用表交流电压 500 V 挡，合上 QF 电源。）

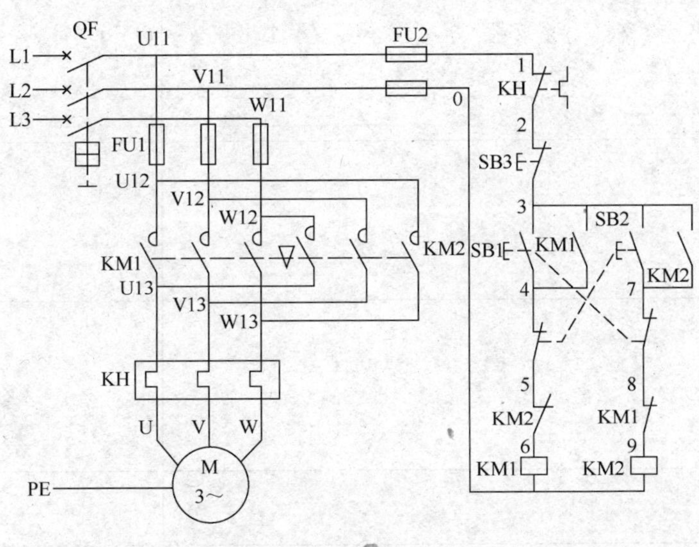

图 1—2—4

（2）分析、排除实训线路故障，并做好记录

表 1—2—11

故障现象	
故障分析	

续表

测量与排除方法	

3. 线路排故任务评价

表 1—2—12

项目内容	配分	扣分原因			扣分
故障分析	20 分				
排除故障	40 分				
通电试车	40 分				
管理规范					
定额时间					
成绩					
开始时间		结束时间		实际时间	

三、能力拓展

某企业根据生产需求提出技术改造，要为某生产设备设计电动机控制线路，具体要求是：

1. 设备上有两台电动机，都要有短路、过载、欠压和失压保护；

2. 电动机 M1 须能实现正反转。

试设计满足要求的电路图。

项目三

三相异步电动机位置控制与自动循环控制电路的安装与检修

任务 1 位置控制电路的安装与检修

一、三相异步电动机位置控制电路的安装

1. 熟悉任务流程

参照教材中的任务流程图，熟悉本任务的主要工作步骤。

2. 按要求完成以下安装任务

（1）画出原理图

（2）根据原理图画出元件布置图

（3）元器件选择及检测

参照教材中的元器件明细表选择元器件，并检测其是否完好。

（4）根据原理图画出接线图

3. 布线

参照主教材所述方法和要求，完成布线。

4. 自检

表 1—3—1

序号	检测任务	操作方法		正确阻值	测量阻值	备注
1	检测主电路	测量 XT 的 U11 与 V11、U11 与 W11、V11 与 W11 之间的阻值	常态时，不动作任何元件	均为∞		
2			压下 KM1	均为 M 两相定子绕组的阻值之和		
3			压下 KM2			
4	检测控制电路	测量 XT 的 U11 与 V11 之间的阻值	按下 SB1	均为 KM1 的线圈		
5			压下 KM1			
6			按下 SB2	均为 KM2 的线圈		
7			压下 KM2			

5. 线路安装任务评价

表 1—3—2

项目内容	配分	扣分原因			扣分
装前检查	5 分				
安装元件	15 分				
布线	40 分				
通电试车	40 分				
管理规范					
定额时间					
成绩					
开始时间		结束时间		实际时间	

二、三相异步电动机位置控制电路的安装与检修

1. 熟悉任务流程

参照教材中的任务流程图，熟悉本任务的主要工作步骤。

2. 判断故障并排除

（1）完成以下故障的分析

1）故障现象：行车向前行驶，碰到 SQ1 开关后停下来，按下按钮 SB2 后，行车没有启动向后行驶。

2）故障范围：根据故障现象分析得出，故障范围在____________________。在图 1—3—1 中画出。

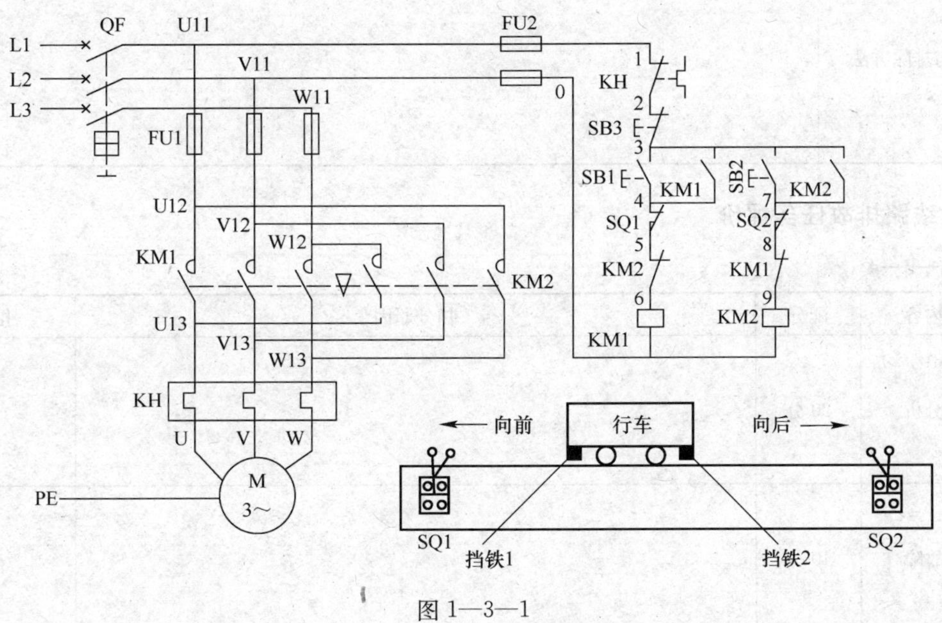

图 1—3—1

3）排查故障点：用测量法（电压法）准确、迅速地找出故障点。

（注意：测量时用万用表交流电压 500 V 挡，合上 QF 电源。）

写出测量流程：

（2）分析、排除实训线路故障，并做好记录

表 1—3—3

故障现象	
故障分析	
测量与排除方法	

3. 线路排故任务评价

表 1—3—4

项目内容	配分	扣分原因			扣分
故障分析	20 分				
排除故障	40 分				
通电试车	40 分				
管理规范					
定额时间					
成绩					
开始时间		结束时间		实际时间	

三、能力拓展

到网上搜索一下，或走访低压电器厂家、专卖店和使用单位，你会认识更多的行程开关。比一比，看看谁收集得更多一些，分组讨论整理后，作为资料备用。

任务2　自动循环控制电路的安装与检修

一、三相异步电动机自动循环控制电路的安装

1. 熟悉任务流程

参照教材中的任务流程图，熟悉本任务的主要工作步骤。

2. 按要求完成以下安装任务

（1）画出原理图

（2）根据原理图画出元件布置图

（3）元器件选择及检测

参照教材中的元器件明细表选择元器件，并检测其是否完好。

3. 自检

表1—3—5

序号	检测任务	操作方法		正确阻值	测量阻值	备注
1	检测主电路	测量XT的U11与V11、U11与W11、V11与W11之间的阻值	常态时，不动作任何元件	均为∞		
2			压下KM1	均为M两相定子绕组的阻值之和		
3			压下KM2			
4	检测控制电路	测量XT的U11与V11之间的阻值	按下SB1	均为KM1的线圈		
5			动作SQ2-1			
6			压下KM1			

续表

序号	检测任务	操作方法		正确阻值	测量阻值	备注
7	检测控制电路	测量 XT 的 U11 与 V11 之间的阻值	按下 SB2	均为 KM2 的线圈		
8			动作 SQ1-2			
9			压下 KM2			

4. 布线

参照主教材所述方法和要求，完成布线。

5. 线路安装任务评价

表 1—3—6

项目内容	配分	扣分原因				扣分
装前检查	5 分					
安装元件	15 分					
布线	40 分					
通电试车	40 分					
管理规范						
定额时间						
成绩						
开始时间		结束时间		实际时间		

二、三相异步电动机自动循环控制电路的安装与检修

1. 熟悉任务流程

参照教材中的任务流程图，熟悉本任务的主要工作步骤。

2. 判断故障并排除

（1）完成以下故障的分析

故障现象：工作台左右运动不往返。

1）故障范围：根据故障现象分析得出，故障范围在________________。在图 1—3—2 中画出。

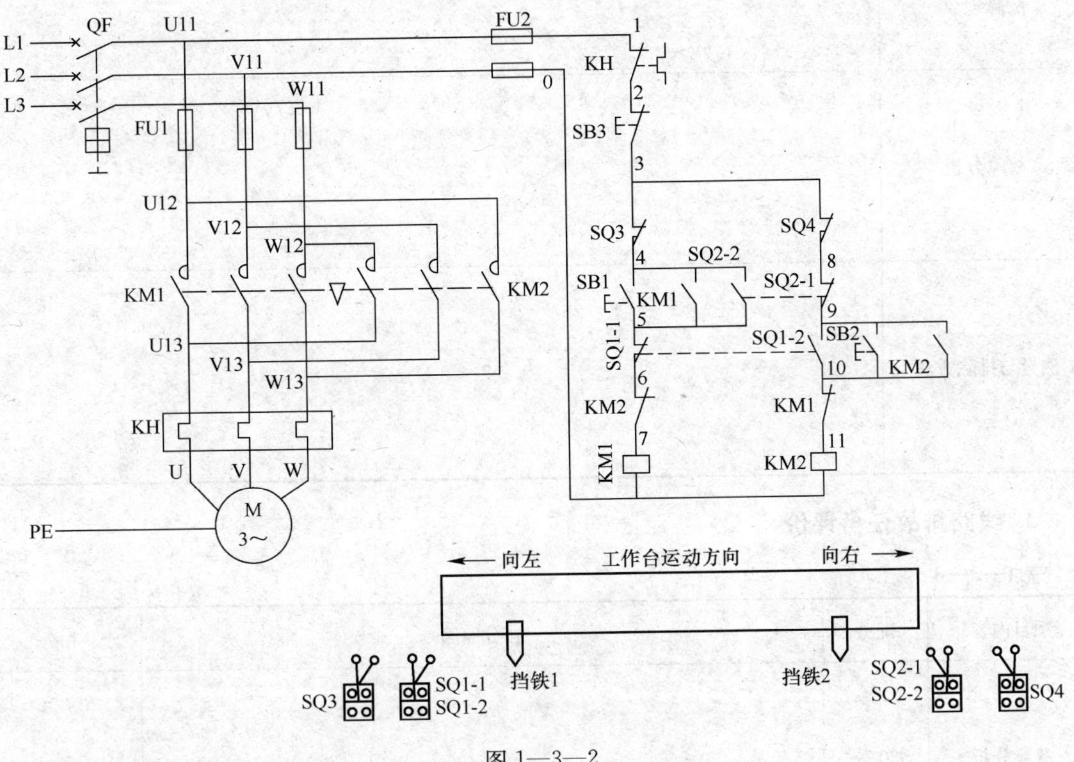

图 1—3—2

2）排查故障点：用测量法（电压法）准确、迅速地找出故障点。

（注意：测量时用万用表交流电压 500 V 挡，合上 QF 电源。）

写出测量流程：

（2）分析、排除实训线路故障，并做好记录

表 1—3—7

故障现象	
故障分析	
测量与排除方法	

3. 线路排故任务评价

表 1—3—8

项目内容	配分	扣分原因			扣分
故障分析	20 分				
排除故障	40 分				
通电试车	40 分				
管理规范					
定额时间					
成绩					
开始时间		结束时间		实际时间	

三、能力拓展

电气线路故障常用检测方法：

1. 电阻法。用万用表电阻挡检查电路接线有无开路、短路情况。检查时，断开总开关，选用倍率适当的电阻挡，并欧姆调零。

2. 电压法。用万用表交流电压挡检查电源电压、某两点间电压是否为 220 V 或 380 V。

3. 电流法。用万用表交流电流挡检查是否漏电。

4. 测电笔法。可用测电笔检查相线（火线）是否有电，外壳是否有电。

5. 兆欧表法。用兆欧表（摇表）检查两线之间或导线对地间的绝缘电阻。

6. 短路线法。用短路线短接可能发生故障的开关、接线柱甚至导线。但注意绝不能短接电源、插座、负载等。

7. 校验灯法。用校验灯短接可能发生故障的开关、接线柱甚至导线。若校验灯亮则说明怀疑的开关、接线柱、导线有故障。若短接电源、插座、负载等校验灯亮则说明电源、插座无故障，而负载有故障。

项目四

三相异步电动机顺序控制与多地控制电路的安装与检修

任务1　三相笼型异步电动机顺序控制电路的安装与检修

一、三相异步电动机顺序控制电路的安装

1. 熟悉任务流程

参照教材中的任务流程图，熟悉本任务的主要工作步骤。

2. 按要求完成以下安装任务

（1）画出原理图

（2）根据原理图画出元件布置图

（3）元器件选择及检测

参照教材中的元器件明细表选择元器件，并检测其是否完好。

3. 自检

表 1—4—1

序号	检测任务	操作方法		正确阻值	测量阻值	备注
1	检测主电路	测量 XT 的 U11 与 V11、U11 与 W11、V11 与 W11 之间的阻值	常态时，不动作任何元件	均为∞		
2			压下 KM1	均为 M 两相定子绕组的阻值之和		
3			压下 KM2			
4	检测控制电路	测量 XT 的 U11 与 V11 之间的阻值	按下 SB1	均为 KM1 的线圈		
5			压下 KM1			
6			压下 SB2 及 SB2	为 KM1 及 KM2 的线圈并联值		
7			压下 KM1 及 KM2			

4. 布线

参照主教材所述方法和要求，完成布线。

5. 线路安装任务评价

表 1—4—2

项目内容	配分	扣分原因	扣分
装前检查	5 分		
安装元件	15 分		
布线	40 分		
通电试车	40 分		
管理规范			
定额时间			
成绩			

开始时间		结束时间		实际时间	

二、三相异步电动机顺序控制电路的安装与检修

1. 熟悉任务流程

参照教材中的任务流程图，熟悉本任务的主要工作步骤。

2. 判断故障并排除

（1）完成以下故障的分析

故障现象：M1 启动后 M2 不能启动，但 M1 没有启动时，M2 能启动。

1）故障范围：根据故障现象分析得出，故障范围在________________。在图 1—4—1 中画出。

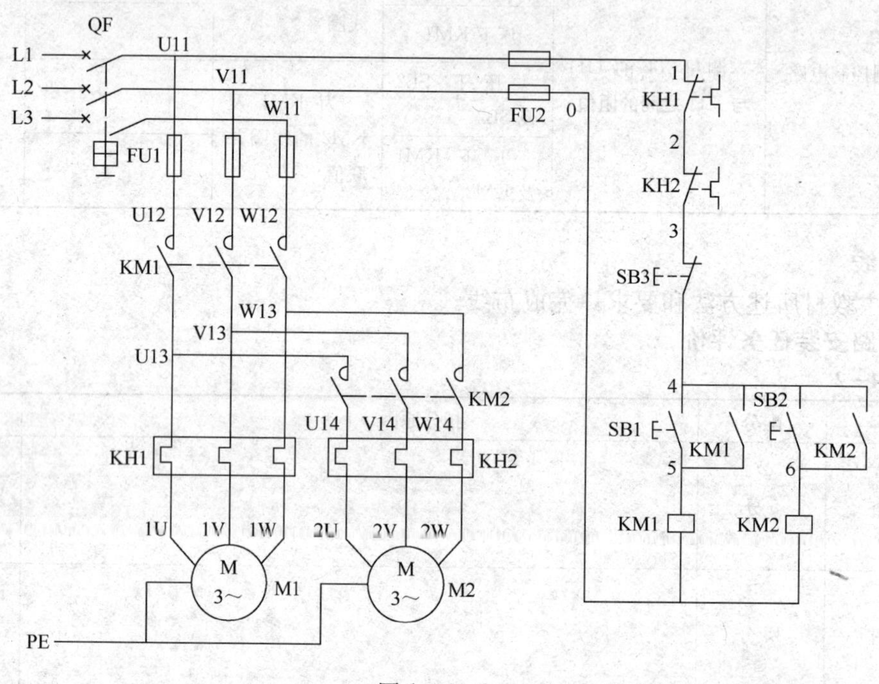

图 1—4—1

2）排查故障点：用测量法（电压法）准确、迅速地找出故障点。

（注意：测量时用万用表交流电压 500 V 挡，合上 QF 电源。）

写出测量流程：

（2）分析、排除实训线路故障，并做好记录

表 1—4—3

故障现象	
故障分析	
测量与排除方法	

3. 线路排故任务评价

表 1—4—4

项目内容	配分	扣分原因			扣分
故障分析	20 分				
排除故障	40 分				
通电试车	40 分				
管理规范					
定额时间					
成绩					
开始时间		结束时间		实际时间	

三、能力拓展

如图 1—4—2 所示是三条传送带运输机的示意图。对于这三条运输机的电气要求是：

（1）启动顺序为 1 号、2 号、3 号，即顺序启动，以防止货物在带上堆积；

（2）停止顺序为 3 号、2 号、1 号，即逆顺停止，以保证停车后带上不残存货物；

（3）当 1 号或 2 号出现故障停止时，3 号能随机停止，以免继续进料。

试画出三条带运输机的电路图，并叙述其工作原理。

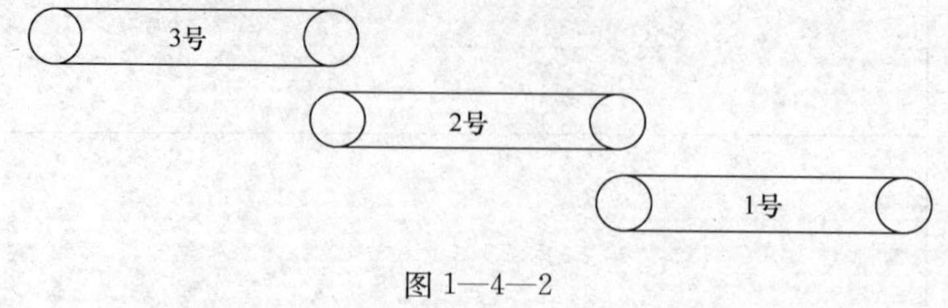

图 1—4—2

任务 2　三相异步电动机多地控制电路的安装与检修

一、三相异步电动机多地控制电路的安装与检修

1. 熟悉任务流程

参照教材中的任务流程图，熟悉本任务的主要工作步骤。

2. 按要求完成以下安装任务

（1）画出原理图

（2）根据原理图画出元件布置图

(3) 元器件选择及检测

参照教材中的元器件明细表选择元器件，并检测其是否完好。

(4) 自检

表 1—4—5

<table>
<tr><th>序号</th><th>检测任务</th><th colspan="2">操作方法</th><th>正确阻值</th><th>测量阻值</th><th>备注</th></tr>
<tr><td>1</td><td rowspan="2">检测主电路</td><td rowspan="2">测量 XT 的 U11 与 V11、U11 与 W11、V11 与 W11 之间的阻值</td><td>常态时，不动作任何元件</td><td>均为∞</td><td></td><td></td></tr>
<tr><td>2</td><td>压下 KM</td><td>均为 M 两相定子绕组的阻值之和</td><td></td><td></td></tr>
<tr><td>3</td><td rowspan="3">检测控制电路</td><td rowspan="3">测量 XT 的 U11 与 V11 之间的阻值</td><td>按下 SB1</td><td rowspan="3">KM 线圈的阻值</td><td></td><td rowspan="3"></td></tr>
<tr><td>4</td><td>按下 SB2</td><td></td></tr>
<tr><td>5</td><td>压下 KM</td><td></td></tr>
</table>

3. 布线

参照主教材所述方法和要求，完成布线。

4. 线路安装任务评价

表 1—4—6

<table>
<tr><th>项目内容</th><th>配分</th><th colspan="4">扣分原因</th><th>扣分</th></tr>
<tr><td>装前检查</td><td>5 分</td><td colspan="4"></td><td></td></tr>
<tr><td>安装元件</td><td>15 分</td><td colspan="4"></td><td></td></tr>
<tr><td>布线</td><td>40 分</td><td colspan="4"></td><td></td></tr>
<tr><td>通电试车</td><td>40 分</td><td colspan="4"></td><td></td></tr>
<tr><td>管理规范</td><td colspan="5"></td><td></td></tr>
<tr><td>定额时间</td><td colspan="5"></td><td></td></tr>
<tr><td>成绩</td><td colspan="6"></td></tr>
<tr><td>开始时间</td><td></td><td>结束时间</td><td></td><td>实际时间</td><td colspan="2"></td></tr>
</table>

二、三相异步电动机多地控制电路的检修

1. 熟悉任务流程

参照教材中的任务流程图，熟悉本任务的主要工作步骤。

2. 判断故障并排除

（1）完成以下故障的分析

故障现象：按 SB11 能正常启动，按 SB21 不能正常启动。

1）故障范围：根据故障现象分析得出，故障范围在________________。根据原理图画出故障范围。

2）排查故障点：用测量法（电压法）准确、迅速地找出故障点。

（注意：测量时用万用表交流电压 500 V 挡，合上 QF 电源。）

写出测量流程：

（2）分析、排除实训线路故障，并做好记录

表 1—4—7

故障现象	
故障分析	

续表

测量与排除方法	

3. 线路检修任务评价

表 1—4—8

项目内容	配分	扣分原因				扣分
故障分析	20 分					
排除故障	40 分					
通电试车	40 分					
管理规范						
定额时间						
成绩						
开始时间		结束时间		实际时间		

三、能力拓展

到学校机加工实训中心观察哪些设备上有两地控制要求，并观察其内部连线的配线方式。

项目五

三相笼型异步电动机降压启动控制电路的安装与检修

任务1　定子绕组串接电阻降压启动控制电路的安装与检修

一、定子绕组串接电阻降压启动控制电路的安装

1. 熟悉任务流程

参照教材中的任务流程图，熟悉本任务的主要工作步骤。

2. 按要求完成以下安装任务

（1）根据原理图画出元件布置图

（2）根据原理图画出接线图

3. 元器件选择及检测

参照教材中的元器件明细表选择元器件，并检测其是否完好。

4. 自检

表 1—5—1

序号	检测任务	操作方法		正确阻值	测量阻值	备注
1	检测主电路	断开 FU2，分别测量 XT 的 U11 与 V11、U11 与 W11、V11 与 W11 之间的阻值	常态时，不动作任何元件	均为∞		
2			压下 KM1	均为 M 两相定子绕组的阻值之和		
3			压下 KM2	均小于 M 单相定子绕组的阻值		
4	检测控制电路	断开 FU1，测量 XT 的 U11 与 V11 之间的阻值	常态时，不动作任何元件	∞		
5			按下 SB1	KM1 线圈阻值		
6			压下 KM1	KT 与 KM1 线圈的并联阻值		
7			按下 SB2	KM2 线圈阻值		
8			按下 SB2 后压下 KM1	KT，KM1 与 KM3 线圈的并联阻值		
9			同时按下 SB1，SB2	KM1 与 KM2 线圈的并联阻值		

5. 布线

参照主教材所述方法和要求，完成布线。

6. 线路安装任务评价

表 1—5—2

项目内容	配分	扣分原因	扣分
装前检查	5 分		
安装元件	15 分		
布线	40 分		

续表

通电试车	40分				
管理规范					
定额时间					
成绩					
开始时间		结束时间		实际时间	

二、定子绕组串接电阻降压启动控制电路的检修

1. 熟悉任务流程

参照教材中的任务流程图，熟悉本任务的主要工作步骤。

2. 判断故障并排除

（1）故障检修举例

故障现象：电动机启动后，KT、KM2线圈不能吸合。

1）根据故障现象，分析故障范围，如图1—5—1所示。

2）排查故障点：（用电压法）

测量流程如图1—5—1所示。

4）根据故障点的不同情况，采取正确的修复方法，迅速排除故障。

5）排除故障后通电试车。

（2）完成下列故障分析

1）故障现象：电动机M启动后，KM2线圈点动。

2）故障范围：根据故障现象分析得出，故障范围在______________。在下面空白处画出。

3）排查故障点：（用电压法）

写出测量流程：

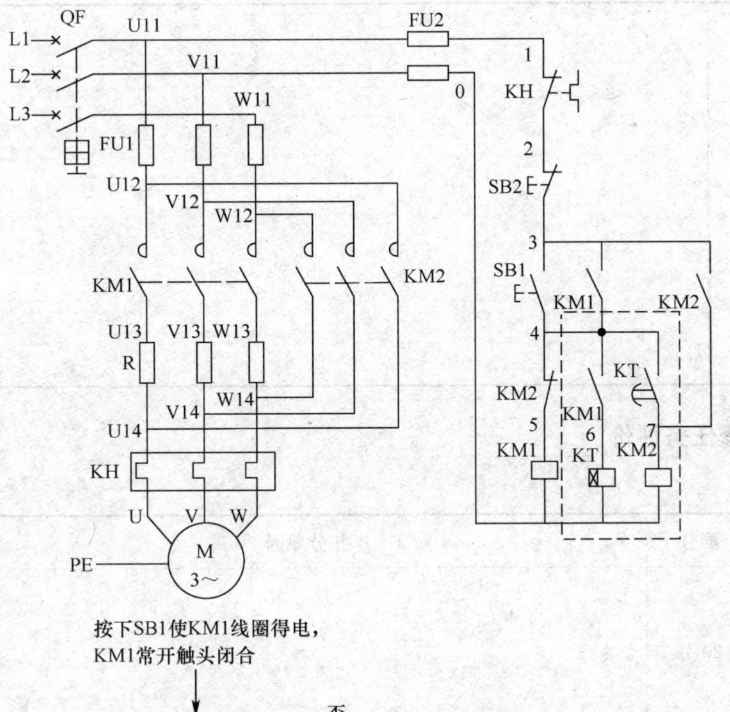

按下SB1使KM1线圈得电，
KM1常开触头闭合
↓
U_{0-4}是否为380V? —否→ 检查4号线
↓是
U_{0-6}是否为380V? —否→ 检查KM常开触头(4-6)和相关导线
↓是
检查KT线圈和相关导线

按下SB1，使KM1、KT线圈吸合。使KT延时常开闭合
↓
U_{0-7}是否为380V? —否→ 检查KT延时常开触头和相关导线
↓是
检查KM2线圈

图 1—5—1

（3）分析、排除实训线路故障，并做好记录

表 1—5—3

故障现象	
故障分析	

续表

测量与排除方法	

3. 线路检修任务评价

表 1—5—4

项目内容	配分	扣分原因			扣分
故障分析	20 分				
排除故障	40 分				
通电试车	40 分				
管理规范					
定额时间					
成绩					
开始时间		结束时间		实际时间	

三、能力拓展

图 1—5—2 是一位同学设计的定子绕组串接电阻降压启动线路图，请分析一下，该线路图存在哪些缺点？并进行修改。

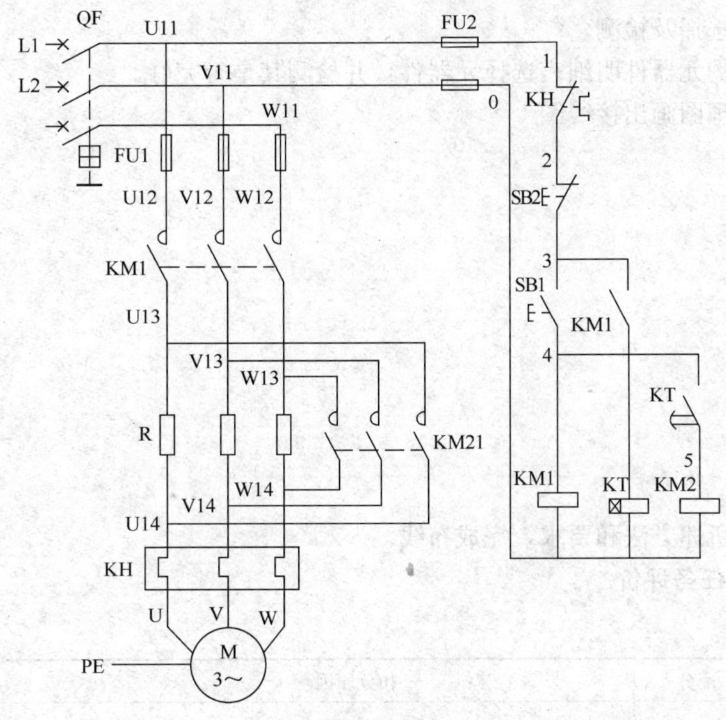

图 1—5—2

任务 2　自耦变压器（补偿器）降压启动控制电路的安装与检修

一、三相异步电动机点动正转控制电路的安装

1. 熟悉任务流程

参照教材中的任务流程图，熟悉本任务的主要工作步骤。

2. 按要求完成以下安装任务

（1）根据原理图画出元件布置图

(2) 元器件选择及检测

参照教材中的元器件明细表选择元器件，并检测其是否完好。

(3) 根据原理图画出接线图

3. 布线

参照主教材所述方法和要求，完成布线。

4. 线路安装任务评价

表 1—5—5

<table>
<tr><td>项目内容</td><td>配分</td><td colspan="4">扣分原因</td><td>扣分</td></tr>
<tr><td>装前检查</td><td>5 分</td><td colspan="4"></td><td></td></tr>
<tr><td>安装元件</td><td>15 分</td><td colspan="4"></td><td></td></tr>
<tr><td>布线</td><td>40 分</td><td colspan="4"></td><td></td></tr>
<tr><td>通电试车</td><td>40 分</td><td colspan="4"></td><td></td></tr>
<tr><td>管理规范</td><td colspan="5"></td><td></td></tr>
<tr><td>定额时间</td><td colspan="5"></td><td></td></tr>
<tr><td>成绩</td><td colspan="6"></td></tr>
<tr><td>开始时间</td><td></td><td>结束时间</td><td></td><td>实际时间</td><td colspan="2"></td></tr>
</table>

二、三相异步电动机点动正转控制电路的检修

1. 熟悉任务流程

参照教材中的任务流程图，熟悉本任务的主要工作步骤。

2. 判断故障并排除

(1) 完成以下故障的分析

故障现象：按下 SB2，电动机 M 能降压启动。整定时间到不能全压运行。

1）故障范围：根据故障现象分析得出，故障范围______________。在图 1—5—3 中画出。

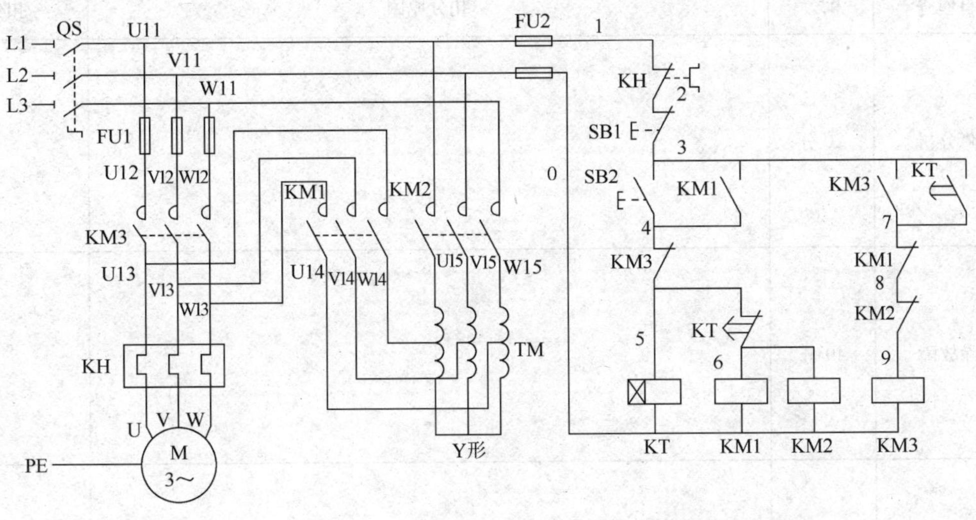

图 1—5—3

2）排查故障点：用测量法（电压法）准确、迅速地找出故障点。

（注意：测量时用万用表交流电压 500 V 挡，合上 QF 电源。）

写出测量流程：

（2）分析、排除实训线路故障，并做好记录

表 1—5—6

故障现象	
故障分析	
测量与排除方法	

3. 线路检修任务评价

表 1—5—7

项目内容	配分	扣分原因			扣分
故障分析	20 分				
排除故障	40 分				
通电试车	40 分				
管理规范					
定额时间					
成绩					
开始时间		结束时间		实际时间	

三、能力拓展

现有一新型时间继电器（图 1—5—4），内部由单片机控制，广泛运用在各种控制线路中，请同学们上网查阅资料，了解该电器是如何应用的，做一份简单的说明书。

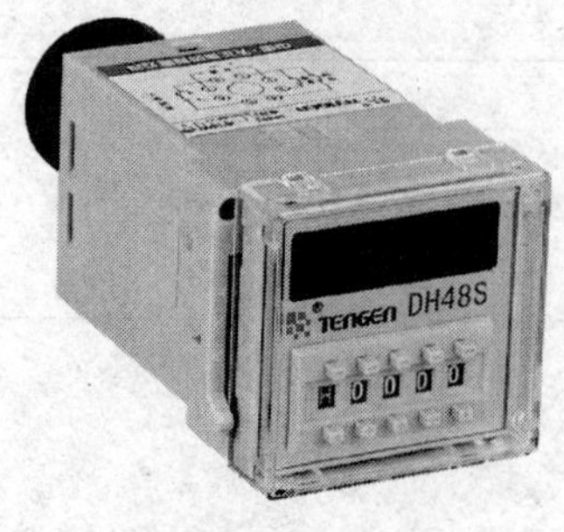

图 1—5—4

任务 3　Y—△形降压启动控制电路的安装与检修

一、Y—△形降压启动控制电路的安装

1. 熟悉任务流程

参照教材中的任务流程图，熟悉本任务的主要工作步骤。

2. 按要求完成以下安装任务

（1）根据原理图，选配器材，并进行质量检验

参照教材中的元器件明细表选择元器件，并检测其是否完好。

（2）根据原理图，画出元件位置图

（3）根据原理图，画出接线图

3. 布线

参照主教材所述方法和要求，完成布线。

4. 自检

表 1—5—8

序号	检测任务	操作方法		正确阻值	测量阻值	备注
1	检测主电路	断开 FU2，分别测量 XT 的 U11 与 V11、U11 与 W11、V11 与 W11 之间的阻值	常态时，不动作任何元件	均为∞		
2			同时压下 KM 和 KM_Y	均为 M 两相定子绕组的阻值之和		
3			同时压下 KM1 和 KM_Δ	均小于 M 单相定子绕组的阻值		

续表

序号	检测任务	操作方法		正确阻值	测量阻值	备注
4	检测控制电路	断开 FU1，测量 XT 的 U11 与 V11 之间的阻值	常态时，不动作任何元件	∞		
5			按下 SB1	KT，KM 与 KM_Y 线圈的并联指值		
			压下 KM1			
6			压下 KM1 后，压下 KM_Δ	KM 与 KM_Δ 线圈的并联值		

5. 线路安装任务评价

表 1—5—9

项目内容	配分	扣分原因				扣分
装前检查	5 分					
安装元件	15 分					
布线	40 分					
通电试车	40 分					
管理规范						
定额时间						
成绩						
开始时间		结束时间		实际时间		

二、定子绕组串接电阻降压启动控制电路的安装

1. 熟悉任务流程

参照教材中的任务流程图，熟悉本任务的主要工作步骤。

2. 判断故障并排除

（1）故障检修举例

故障现象：按下按钮 SB，KM 线圈吸合但 KM_Y和 KT 线圈不能吸合。

1）故障范围：根据故障现象分析得出，故障范围在控制电路部分，如图 1—5—5 所示。

2）排查故障点：用测量法（电压法）准确、迅速地找出故障点。测量流程如图1—5—5 所示。

（注意：测量时用万用表交流电压 500 V 挡，合上 QF 电源。）

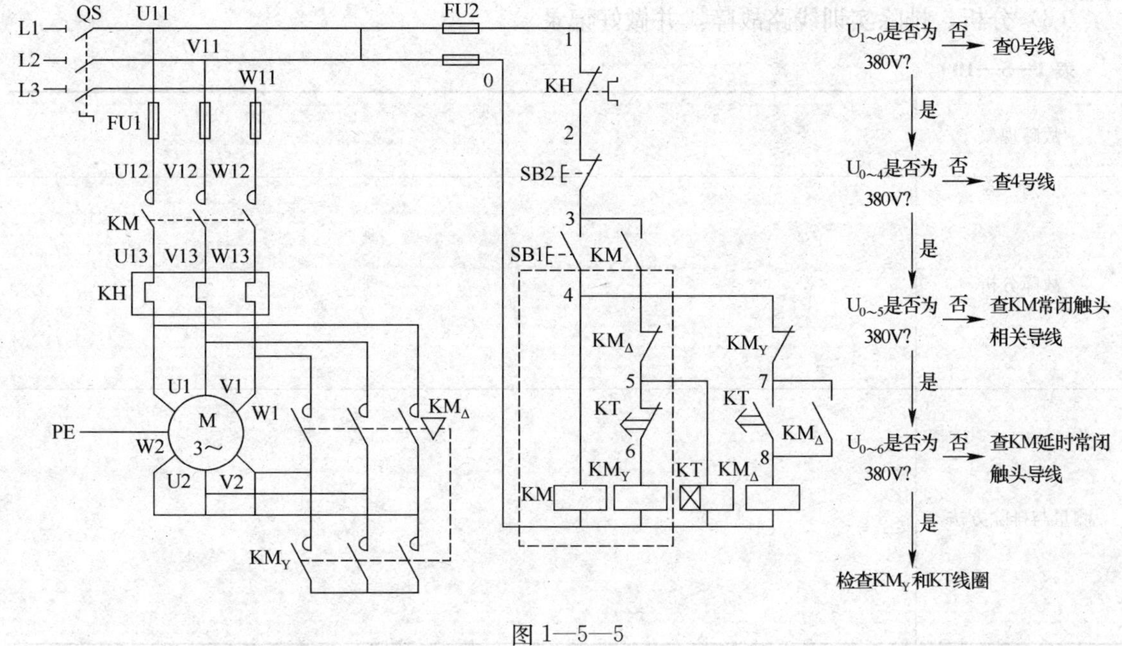

图 1—5—5

按下 SB1 使 KM 线圈得电，KM 自锁触头（3—4）闭合。

4）根据故障点的不同情况，采取正确的修复方法，迅速排除故障。

5）排除故障后通电试车。

（2）完成以下故障分析

故障现象：按下按钮 SB1，电动机 Y 降压启动，但 KT 整定时间到，KM_Y线圈失电，$KM_\triangle$线圈不能得电。

1）故障范围：根据故障现象分析得出，故障范围____________。在图 1—5—6 中画出。

2）排查故障点：用测量法（电压法）准确、迅速地找出故障点。

（注意：测量时用万用表交流电压 500 V 挡，合上 QF 电源。）

写出测量流程：

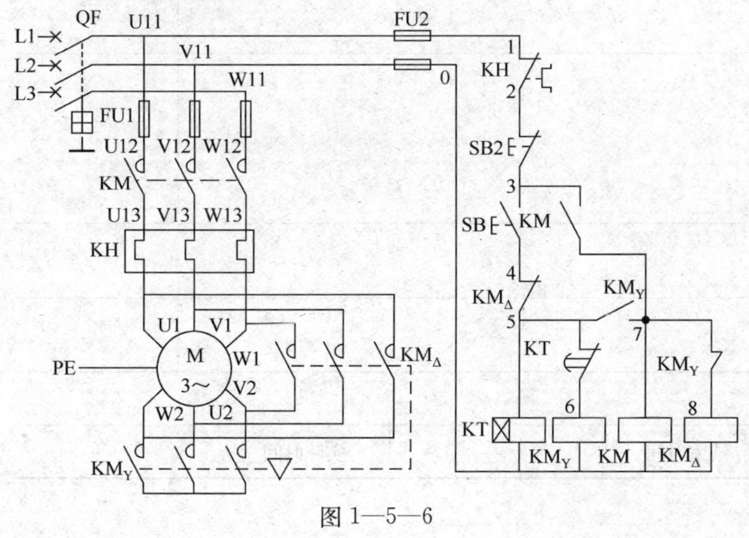

图 1—5—6

（3）分析、排除实训线路故障，并做好记录

表 1—5—10

故障现象	
故障分析	
测量与排除方法	

3. 线路检修任务评价

表 1—5—11

项目内容	配分	扣分原因				扣分
故障分析	20 分					
排除故障	40 分					
通电试车	40 分					
管理规范						
定额时间						
成绩						
开始时间		结束时间		实际时间		

三、能力拓展

图 1—5—7 所示为用按钮、接触器控制的 Y—△形降压启动控制线路的电路图。试分析说明该线路能否正常工作。若不能，试重新设计。

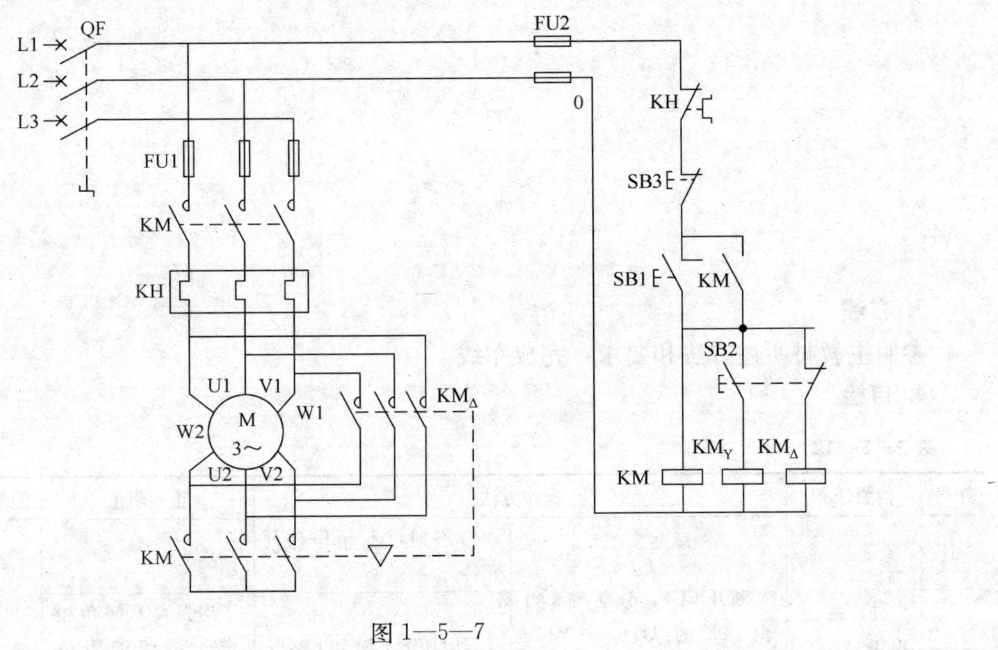

图 1—5—7

* 任务 4　延边△形降压启动控制电路的检修

一、延边△形降压启动控制电路的安装

1. 熟悉任务流程

参照教材中的任务流程图，熟悉本任务的主要工作步骤。

2. 按要求完成以下安装任务

（1）根据原理图画出元件布置图

（2）元器件选择及检测

参照教材中的元器件明细表选择元器件，并检测其是否完好。

（3）根据原理图画出接线图

3. 布线

参照主教材所述方法和要求，完成布线。

4. 自检

表 1—5—12

序号	检测任务	操作方法		正确阻值	测量阻值	备注
1	检测主电路	断开 FU2，分别测量测量 XT 的 U11 与 V11、U11 与 W11、V11 与 W11 之间的阻值	常态时，不动作任何元件	均为∞		
2			同时压下 KM 和 KM1	均为大于 M 单相定子绕组的阻值之和		
3			同时压下 KM 和 KMΔ	均小于 M 单相定子绕组的阻值		
4	检测控制电路	断开 FU1 测量 XT 的 U11 与 V11 之间的阻值	常态时，不动作任何元件	∞		
5			按下 SB1 压下 KM	KT、KM 与 KM1 线圈的并联阻值		
6			按下 SB1，压下 KMΔ	KM 与 KMΔ 线圈的并联阻值		

5. 线路安装任务评价

表 1—5—13

项目内容	配分	扣分原因	扣分
装前检查	5 分		
安装元件	15 分		
布线	40 分		

续表

项目内容	配分	扣分原因				扣分
通电试车	40分					
管理规范						
定额时间						
成绩						
开始时间		结束时间		实际时间		

二、延边△形降压启动控制电路的检修

1. 熟悉任务流程

参照教材中的任务流程图，熟悉本任务的主要工作步骤。

2. 判断故障并排除

（1）完成以下故障分析

故障现象：电动机M不能转换成△形运行。

1）故障范围：根据故障现象分析得出，故障范围___________。在图1—5—8中画出。

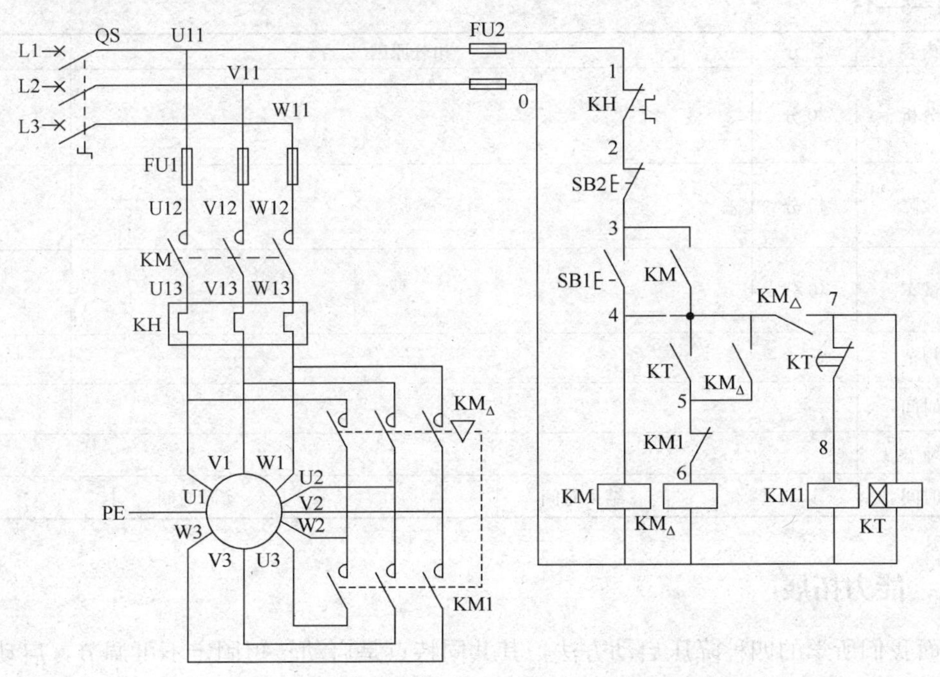

图1—5—8

2）排查故障点：用测量法（电压法）准确、迅速地找出故障点。

（注意：测量时用万用表交流电压500 V挡，合上QF电源。）

写出测量流程：

（2）分析、排除实训线路故障，并做好记录

表 1—5—14

故障现象	
故障分析	
测量与排除方法	

3. 线路检修任务评价

表 1—5—15

项目内容	配分	扣分原因			扣分
故障分析	20 分				
排除故障	40 分				
通电试车	40 分				
管理规范					
定额时间					
成绩					
开始时间		结束时间		实际时间	

三、能力拓展

前面我们所学的四种降压启动方法，其共同特点是启动转矩固定不可调节，启动过程中存在较大的冲击电流，被拖动负载会受到较大的机械冲击。另外易受电网电压波动的影响，一旦出现电网电压波动，会造成启动困难甚至使电动机堵转。且停止时由于都是瞬间断电，也将会造成剧烈的电网电压波动和机械冲击。因此，现在工程技术员研制出了固态降压启动器。上网查阅一下相关资料。

项目六

三相笼型异步电动机制动控制电路的安装与检修

任务1　机械制动—电磁抱闸制动器断电（通电）制动控制线路的安装与检修

一、机械制动—电磁抱闸制动器断电（通电）制动控制线路的安装

1. 熟悉任务流程

参照教材中的任务流程图，熟悉本任务的主要工作步骤。

2. 按要求完成以下安装任务

（1）根据原理图画出元件布置图

（2）元器件选择及检测

参照教材中的元器件明细表选择元器件，并检测其是否完好。

（3）画出接线图

3. 布线

参照主教材所述方法和要求，完成布线。

4. 自检

表 1—6—1

<table>
<tr><th>序号</th><th>检测任务</th><th colspan="2">操作方法</th><th>正确阻值</th><th>测量阻值</th><th>备注</th></tr>
<tr><td>1</td><td rowspan="2">检测主电路</td><td rowspan="2">测量 XT 的 U11 与 V11、U11 与 W11、V11 与 W11 之间的阻值</td><td>常态时，不动作任何元件</td><td>均为∞</td><td rowspan="2"></td><td rowspan="4"></td></tr>
<tr><td>2</td><td>压下 KM</td><td>均为 M 两相定子绕组的阻值之和</td></tr>
<tr><td>3</td><td rowspan="2">检测控制电路</td><td rowspan="2">测量 XT 的 U11 与 V11 之间的阻值</td><td>按下 SB1</td><td rowspan="2">KM 线圈的阻值</td><td></td></tr>
<tr><td>4</td><td>压下 KM</td><td></td></tr>
</table>

5. 线路安装任务评价

表 1—6—2

<table>
<tr><th>项目内容</th><th>配分</th><th colspan="4">扣分原因</th><th>扣分</th></tr>
<tr><td>装前检查</td><td>5 分</td><td colspan="4"></td><td></td></tr>
<tr><td>安装元件</td><td>15 分</td><td colspan="4"></td><td></td></tr>
<tr><td>布线</td><td>40 分</td><td colspan="4"></td><td></td></tr>
<tr><td>通电试车</td><td>40 分</td><td colspan="4"></td><td></td></tr>
<tr><td>管理规范</td><td colspan="5"></td><td></td></tr>
<tr><td>定额时间</td><td colspan="5"></td><td></td></tr>
<tr><td>成绩</td><td colspan="6"></td></tr>
<tr><td>开始时间</td><td></td><td>结束时间</td><td></td><td>实际时间</td><td colspan="2"></td></tr>
</table>

二、机械制动—电磁抱闸制动器断电（通电）制动控制线路的检修

1. 熟悉任务流程

参照教材中的任务流程图，熟悉本任务的主要工作步骤。

2. 判断故障并排除

（1）完成以下故障分析

故障现象：按下 SB1，KM 吸合，但电动机 M 堵转。

1）故障范围：根据故障现象分析得出，故障范围＿＿＿＿＿＿。在图 1—6—1 中画出。

2）测量步骤（用测量法确定故障）：

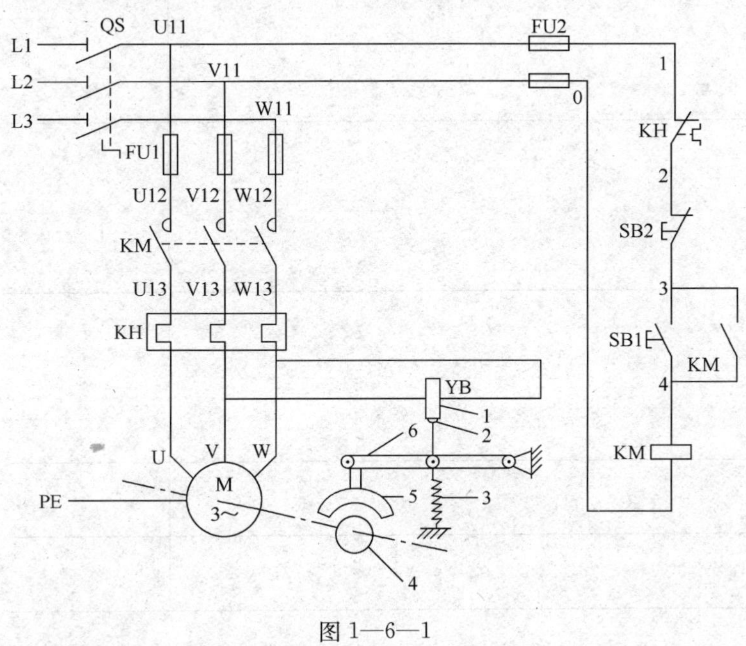

图 1—6—1

（2）分析、排除实训线路故障，并做好记录

表 1—6—3

故障现象	
故障分析	
测量与排除方法	

3. 线路检修任务评价

表 1—6—4

项目内容	配分	扣分原因				扣分
故障分析	20 分					
排除故障	40 分					
通电试车	40 分					
管理规范						
定额时间						
成绩						
开始时间		结束时间		实际时间		

三、能力拓展

如图 1—6—2 所示是三相电动机双向启动反接制动控制线路，试分析回答以下问题：

（1）接触器、中间继电器和速度继电器在线路中各起什么作用?

（2）电动机的正向启动、反接制动由哪些电器来配合完成?

（3）电动机的反向启动、反接制动由哪些电器来配合完成？

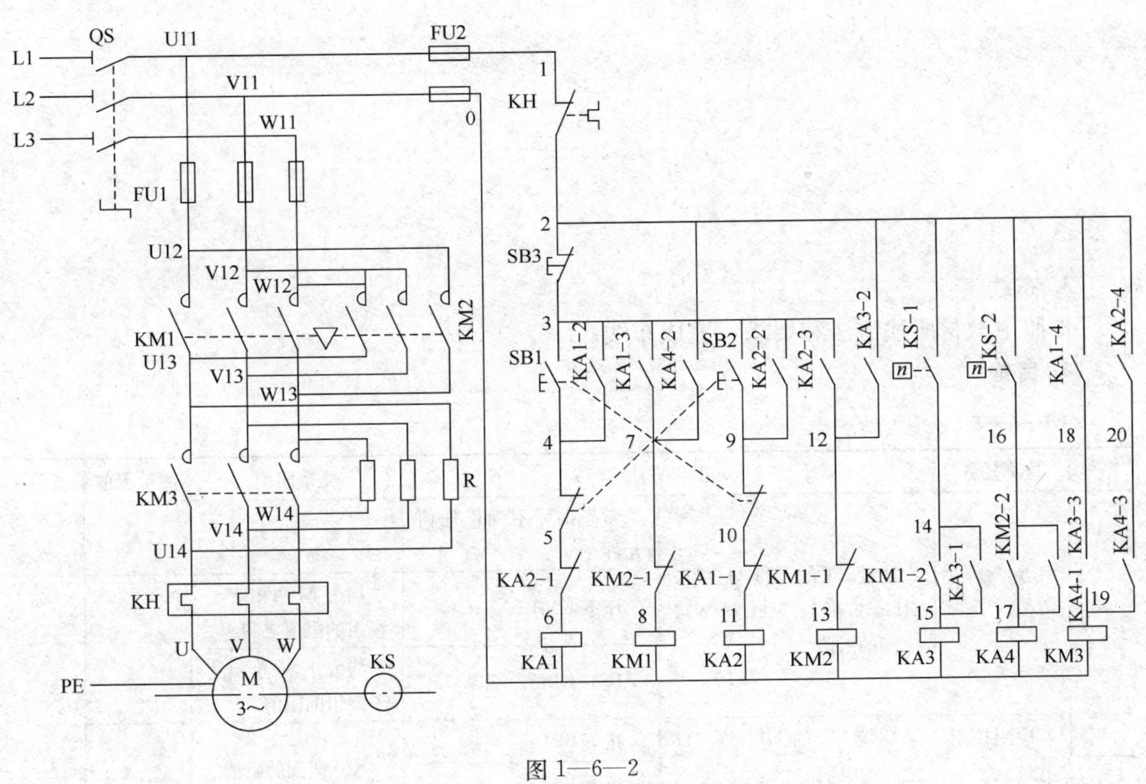

图1—6—2

任务2 电力制动—反接制动控制线路的安装与检修

一、电力制动—反接制动控制线路的安装

1. 熟悉任务流程

参照教材中的任务流程图，熟悉本任务的主要工作步骤。

2. 按要求完成以下任务

（1）根据原理图画出元件布置图

（2）元器件选择及检测

参照教材中的元器件明细表选择元器件，并检测其是否完好。

（3）画出接线图

3. 布线

参照主教材所述方法和要求，完成布线。

4. 自检

表 1—6—5

序号	检测任务	操作方法		正确阻值	测量阻值	备注
1	检测主电路	测量 XT 的 U11 与 V11、U11 与 W11、V11 与 W11 之间的阻值	常态时，不动作任何元件	均为∞		
2			压下 KM1	均为 M 两相定子绕组的阻值之和		
3			压下 KM2	均大于 M 单相定子绕组的阻值		
3	检测控制电路	测量 XT 的 U11 与 V11 之间的阻值	按下 SB1	KM 线圈的阻值		
4			压下 KM			

5. 线路安装任务评价

表 1—6—6

项目内容	配分	扣分原因	扣分
装前检查	5 分		
安装元件	15 分		
布线	40 分		

续表

<table>
<tr><th>项目内容</th><th>配分</th><th colspan="3">扣分原因</th><th>扣分</th></tr>
<tr><td>通电试车</td><td>40 分</td><td colspan="3"></td><td></td></tr>
<tr><td>管理规范</td><td colspan="4"></td><td></td></tr>
<tr><td>定额时间</td><td colspan="4"></td><td></td></tr>
<tr><td>成绩</td><td colspan="5"></td></tr>
<tr><td>开始时间</td><td></td><td>结束时间</td><td></td><td>实际时间</td><td></td></tr>
</table>

二、电力制动—反接制动控制线路的检修

1. 熟悉任务流程

参照教材中的任务流程图，熟悉本任务的主要工作步骤。

2. 判断故障并排除

（1）完成以下故障分析

故障现象：按照停止按钮后，KM1 失电释放，但 KM2 不吸合。

1）故障范围：根据故障现象分析，画出故障范围，如图 1—6—3 所示。

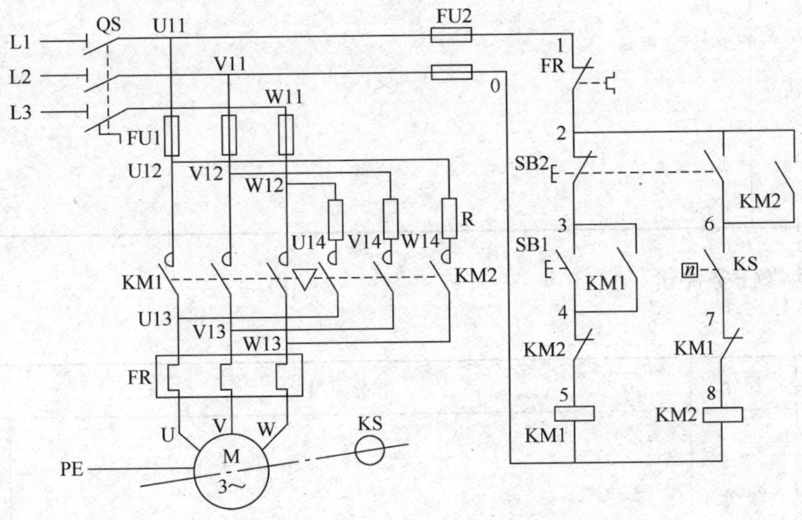

图 1—6—3

2）写出测量步骤：

（2）分析、排除实训线路故障，并做好记录

表 1—6—7

故障现象	
故障分析	
测量与排除方法	

3. 线路检修任务评价

表 1—6—8

项目内容	配分	扣分原因	扣分
故障分析	20 分		

续表

项目内容	配分	扣分原因				扣分
排除故障	40 分					
通电试车	40 分					
管理规范						
定额时间						
成绩						
开始时间		结束时间		实际时间		

三、能力拓展

在已安装好单向启动反接制动控制线路的控制板上，能否加装一只中间继电器 KA（型号 JZ7－44，额定电流 5 A，吸引线圈电压 380 V），使之改装成如图 1—6—4 所示的控制线路？叙述线路的工作原理。

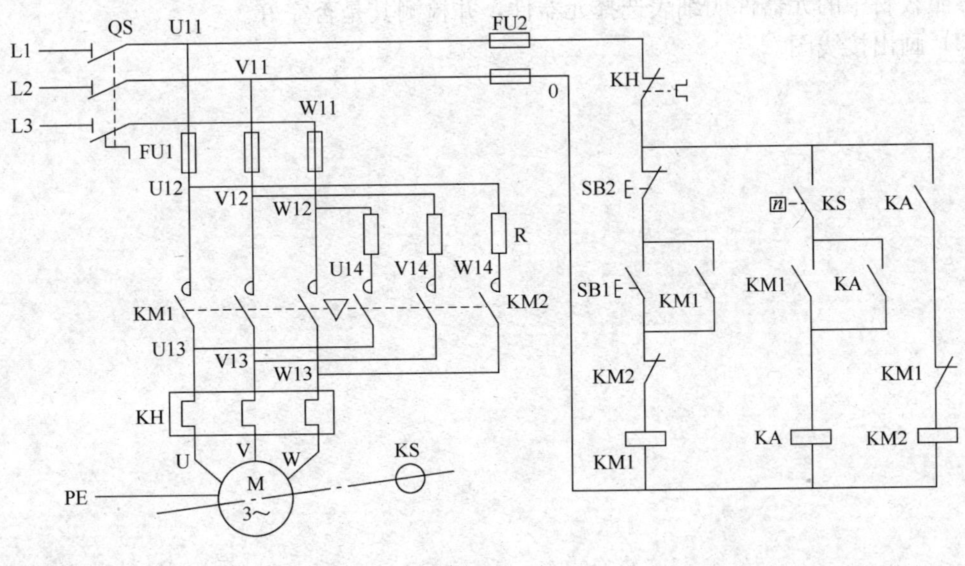

图 1—6—4

任务3　电力制动—能耗制动控制线路的安装与检修

一、电力制动—能耗制动控制线路的安装

1. 熟悉任务流程

参照教材中的任务流程图，熟悉本任务的主要工作步骤。

2. 按要求完成以下任务

（1）根据原理图画出元件布置图

（2）元器件选择及检测

参照教材中的元器件明细表选择元器件，并检测其是否完好。

（3）画出接线图

3. 布线

参照主教材所述方法和要求，完成布线。

4. 自检

表 1—6—9

序号	检测任务	操作方法		正确阻值	测量阻值	备注
1	检测主电路	测量 XT 的 W11 与 W15 之间的阻值	常态时，不动作任何元件	均为∞		
2			压下 KM1	为 M 两相定子绕组的阻值之和		
3			压下 KM2	大于 M 单相定子绕组的阻值		
4	检测控制电路	测量 XT 的 U11 与 V11 之间的阻值	按下 SB1	KM 线圈的阻值		
5			压下 KM			
6			按下 SB2	KT 与 KM2 线圈的并联指值		

5. 线路安装任务评价

表 1—6—10

<table>
<tr><td>项目内容</td><td>配分</td><td colspan="4">扣分原因</td><td>扣分</td></tr>
<tr><td>装前检查</td><td>5 分</td><td colspan="4"></td><td></td></tr>
<tr><td>安装元件</td><td>15 分</td><td colspan="4"></td><td></td></tr>
<tr><td>布线</td><td>40 分</td><td colspan="4"></td><td></td></tr>
<tr><td>通电试车</td><td>40 分</td><td colspan="4"></td><td></td></tr>
<tr><td>管理规范</td><td colspan="5"></td><td></td></tr>
<tr><td>定额时间</td><td colspan="5"></td><td></td></tr>
<tr><td>成绩</td><td colspan="6"></td></tr>
<tr><td>开始时间</td><td></td><td>结束时间</td><td></td><td>实际时间</td><td colspan="2"></td></tr>
</table>

二、电力制动—能耗制动控制线路的检修

1. 熟悉任务流程

参照教材中的任务流程图，熟悉本任务的主要工作步骤。

2. 判断故障并排除

（1）故障检修举例

故障现象：按下 SB2，KT、KM2 线圈吸合。但电动机不能制动。

1）故障分析：根据工作原理和故障现象分析得出故障范围，如图 1—6—5 所示。

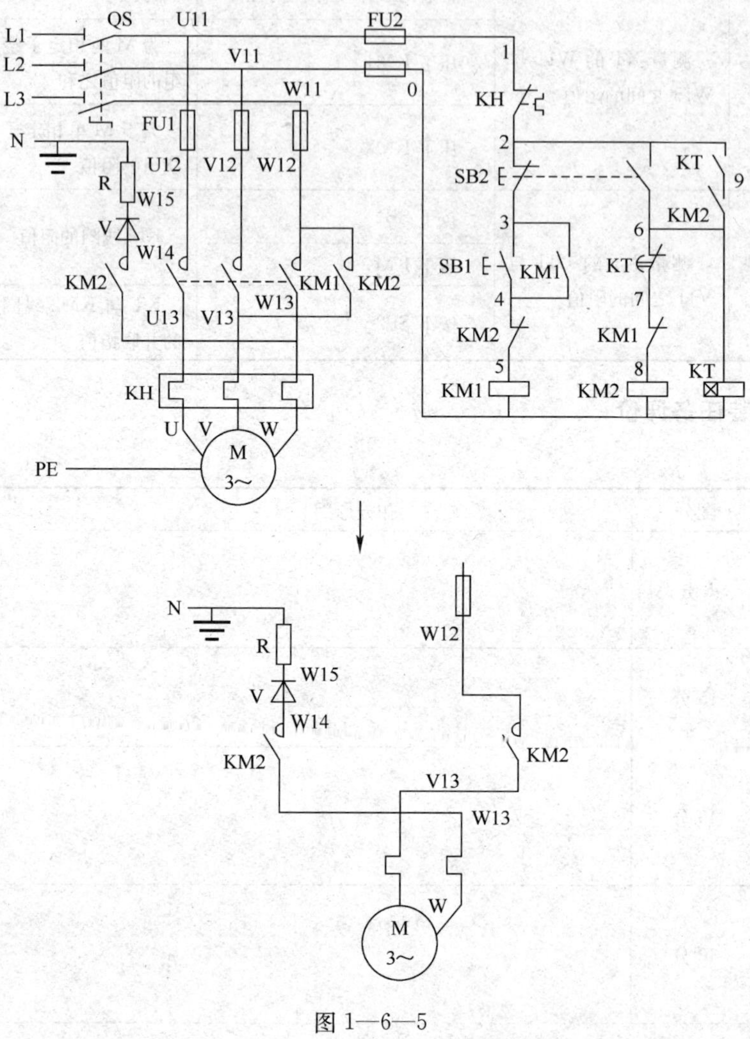

图 1—6—5

通电路径：W12—KM2 主触头—V13—V 电动机定子绕组—W—W13—KM2 主触头—W14—两极管—W15—R—地

2）测量方法：用万用表电阻挡 R×1 k 挡测量。按下 KM2 触头架，使 KM2 常开闭合。

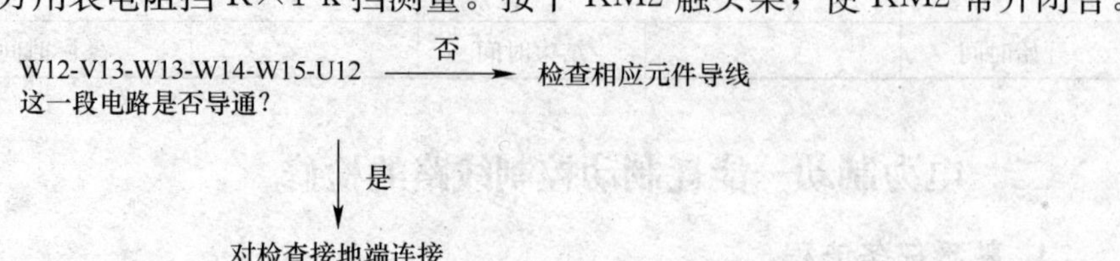

（注意：测量二极管时，注意万用表的正负极性。）

3）根据故障点的不同情况，采取正确的修复方法，迅速排除故障。

4）排除故障后通电试车。

（2）分析、排除实训线路故障，并做好记录

表 1—6—11

故障现象	
故障分析	
测量与排除方法	

3. 线路检修任务评价

表 1—6—12

项目内容	配分	扣分原因				扣分
故障分析	20 分					
排除故障	40 分					
通电试车	40 分					
管理规范						
定额时间						
成绩						
开始时间		结束时间		实际时间		

三、能力拓展

比较教材中图 1—6—21 和图 1—6—22 所示的两种线路，它们有哪些相同点和不同点？试分析图 1—6—21 所示电路工作原理图。

项目七

多速异步电动机控制线路的安装与检修

一、多速异步电动机的控制线路安装

1. 熟悉任务流程

参照教材中的任务流程图，熟悉本任务的主要工作步骤。

2. 按要求完成以下安装任务

（1）元器件选择及检测

参照教材中的元器件明细表选择元器件，并检测其是否完好。

（2）根据多速异步电动机自动变速控制线路图，画出元件布置图

3. 布线

参照主教材所述方法和要求，完成布线。

4. 注意事项

1）接线时，注意主电路中接触器 KM1、KM2 在两种转速下电源相序的改变，不能接错，否则，两种转速下电动机的转向相反，换向时将产生很大的冲击电流。

2）控制多速电动机△形接法的接触器 KM1 和 YY 形接法的 KM2 的主触头不能对换接线，否则不但无法实现双速控制要求，而且会在 YY 形运转时造成电源短路事故。

3）热继电器 KH1、KH2 的整定电流及其在主电路中的接线不要出现错误。

5. 自检

表 1—7—1

<table>
<tr><th>序号</th><th>检测任务</th><th colspan="2">操作方法</th><th>正确阻值</th><th>测量阻值</th><th>备注</th></tr>
<tr><td>1</td><td rowspan="6">检测主电路</td><td rowspan="4">断开 FU2，分别测量 XT 的 U11 与 V11、U11 与 W11、V11 与 W11 之间的阻值</td><td>常态时，不动作任何元件</td><td>均为∞</td><td></td><td></td></tr>
<tr><td>2</td><td>压下 KM1</td><td>均小于 M 单相定子绕组的阻值</td><td></td><td></td></tr>
<tr><td>3</td><td>同时压下 KM1 和 KM3</td><td>均约为 0 Ω</td><td></td><td></td></tr>
<tr><td>4</td><td>同时压下 KM1 和 KM2</td><td>均小于 M 单相定子绕组的阻值</td><td></td><td></td></tr>
<tr><td>5</td><td colspan="2">压下 KM2，两表棒分别搭接 XT 的 U11 与 W2、V11 与 V2、W11 与 U2</td><td>均为 0 Ω</td><td></td><td></td></tr>
<tr><td>6</td><td colspan="2">接通 FU2 后，测量 XT 的 U11 与 W11 之间的阻值</td><td>TC 一次绕组的阻值</td><td></td><td></td></tr>
<tr><td>7</td><td rowspan="4">检测控制电路</td><td rowspan="4">断开 FU3，测量 0 号与 2 号线之间的阻值</td><td>常态时，不动作任何元件</td><td>∞</td><td></td><td></td></tr>
<tr><td rowspan="2">8</td><td>按下 SB1</td><td rowspan="2">KM 线圈的阻值</td><td rowspan="2"></td><td rowspan="2"></td></tr>
<tr><td>压下 KM1</td></tr>
<tr><td>9</td><td>按下 SB2</td><td>KT 与 KM1 线圈的并联阻值</td><td></td><td></td></tr>
</table>

6. 线路安装任务评价

表 1—7—2

<table>
<tr><th>项目内容</th><th>配分</th><th colspan="4">扣分原因</th><th>扣分</th></tr>
<tr><td>装前检查</td><td>5 分</td><td colspan="4"></td><td></td></tr>
<tr><td>安装元件</td><td>15 分</td><td colspan="4"></td><td></td></tr>
<tr><td>布线</td><td>40 分</td><td colspan="4"></td><td></td></tr>
<tr><td>通电试车</td><td>40 分</td><td colspan="4"></td><td></td></tr>
<tr><td>管理规范</td><td colspan="5"></td><td></td></tr>
<tr><td>定额时间</td><td colspan="5"></td><td></td></tr>
<tr><td>成绩</td><td colspan="6"></td></tr>
<tr><td>开始时间</td><td></td><td>结束时间</td><td></td><td>实际时间</td><td colspan="2"></td></tr>
</table>

二、多速异步电动机的控制线路检修

1. 熟悉任务流程

参照教材中的任务流程图，熟悉本任务的主要工作步骤。

2. 判断故障并排除

（1）完成下列故障的分析

故障现象：按下 SB1 后，多速电动机能△形低速启动。按下 SB2 延时后，KM1 断电。KM1、KM3 不能得电吸合。

1）故障范围：在图 1—7—1 中画出。

2）排查故障点：用测量法（电压法）准确、迅速地找出故障点。

（注意：测量时用万用表交流电压 500 V 挡，合上 QF 电源。）

写出测量流程：

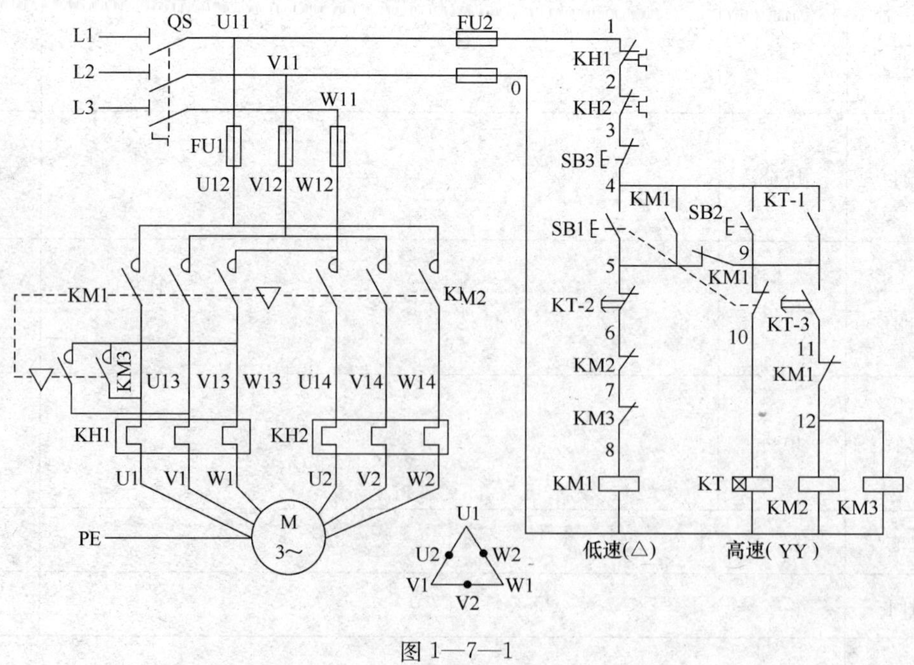

图 1—7—1

（2）分析、排除实训线路故障，并做好记录

表 1—7—3

故障现象	
故障分析	
测量与排除方法	

3. 线路检修任务评价

表 1—7—4

项目内容	配分	扣分原因			扣分
故障分析	20 分				
排除故障	40 分				
通电试车	40 分				
管理规范					
定额时间					
成绩					
开始时间		结束时间		实际时间	

三、能力拓展

用下列元器件自行设计双速电动机自动变速控制电路。

（熔断器五只、交流接触器三只、热继电器两只、晶体管式时间继电器一只、按钮三个、接线端子、导线若干。）

项目八

三相绕线转子异步电动机控制电路的安装与检修

任务 1　转子回路串电阻启动控制电路的安装与检修

一、三相绕线转子异步电动机控制电路安装

1. 熟悉任务流程

参照教材中的任务流程图，熟悉本任务的主要工作步骤。

2. 按要求完成以下任务

（1）根据原理图画出元件布置图

（2）元器件选择及检测

参照教材中的元器件明细表选择元器件，并检测其是否完好。

（3）画出接线图

3. 布线

参照主教材所述方法和要求，完成布线。

4. 自检

表 1—8—1

<table>
<tr><th>序号</th><th>检测任务</th><th colspan="2">操作方法</th><th>正确阻值</th><th>测量阻值</th><th>备注</th></tr>
<tr><td>1</td><td rowspan="2">检测主电路</td><td rowspan="2">测量 XT 的 U11 与 V11、U11 与 W11、V11 与 W11 之间的阻值</td><td>常态时，不动作任何元件</td><td>均为∞</td><td></td><td></td></tr>
<tr><td>2</td><td>压下 KM</td><td>均为 M 两相定子绕组的阻值与串电阻之和</td><td></td><td></td></tr>
<tr><td>3</td><td rowspan="2">检测控制电路</td><td rowspan="2">测量 XT 的 U11 与 V11 之间的阻值</td><td>按下 SB1</td><td rowspan="2">KM 与 KA 线圈并联的阻值</td><td></td><td rowspan="2"></td></tr>
<tr><td>4</td><td>压下 KM</td><td></td></tr>
</table>

5. 线路安装任务评价

表 1—8—2

<table>
<tr><th>项目内容</th><th>配分</th><th colspan="4">扣分原因</th><th>扣分</th></tr>
<tr><td>装前检查</td><td>5 分</td><td colspan="4"></td><td></td></tr>
<tr><td>安装元件</td><td>15 分</td><td colspan="4"></td><td></td></tr>
<tr><td>布线</td><td>40 分</td><td colspan="4"></td><td></td></tr>
<tr><td>通电试车</td><td>40 分</td><td colspan="4"></td><td></td></tr>
<tr><td>管理规范</td><td colspan="5"></td><td></td></tr>
<tr><td>定额时间</td><td colspan="5"></td><td></td></tr>
<tr><td>成绩</td><td colspan="6"></td></tr>
<tr><td>开始时间</td><td></td><td>结束时间</td><td></td><td>实际时间</td><td colspan="2"></td></tr>
</table>

二、三相绕线转子异步电动机控制电路的检修

1. 熟悉任务流程

参照教材中的任务流程图，熟悉本任务的主要工作步骤。

2. 判断故障并排除

（1）完成以下故障的分析

故障现象：按下 SB_1，KM、KA 线圈吸合，但电动机 M 不能启动。

1）故障范围：根据故障现象分析，在图 1—8—1 中画出故障范围。

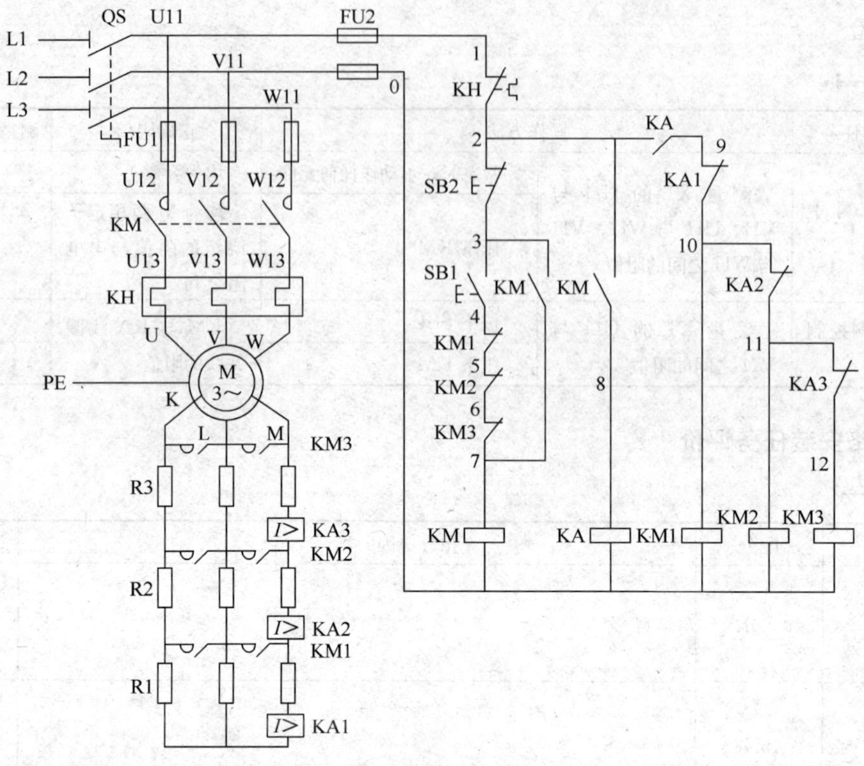

图 1—8—1

2）排查故障点：用测量法（电压法或电阻法）准确、迅速地找出故障点。写出测量流程.

（2）分析、排除实训线路故障，并做好记录

表 1—8—3

故障现象	
故障分析	
测量与排除方法	

3. 线路检修任务评价

表 1—8—4

项目内容	配分	扣分原因				扣分
故障分析	20 分					
排除故障	40 分					
通电试车	40 分					
管理规范						
定额时间						
成绩						
开始时间		结束时间		实际时间		

任务 2　转子回路中串频敏变阻器控制电路的安装与检修

一、转子回路中串频敏变阻器控制电路的安装

1. 熟悉任务流程

参照教材中的任务流程图，熟悉本任务的主要工作步骤。

2. 按要求完成以下任务

（1）根据原理图画出元件布置图

（2）元器件选择及检测

参照教材中的元器件明细表选择元器件，并检测其是否完好。

（3）画出接线图

3. 布线

参照主教材所述方法和要求，完成布线。

4. 自检

表 1—8—5

序号	检测任务	操作方法		正确阻值	测量阻值	备注
1	检测主电路	测量 XT 的 U11 与 V11、U11 与 W11、V11 与 W11 之间的阻值	常态时，不动作任何元件	均为∞		
2			压下 KM1	均为大于转子绕组阻值		
3			同时压下 KM1，KM2	均为转子绕组阻值		
4	检测控制电路	测量 XT 的 U11 与 V11 之间的阻值	按下 SB1 或 KM1	KM1 与 KT 线圈并联的阻值		
5			在按下 SB1 或 KM1 的同时再按下 KM2	KM1，KM2 与 KT 线圈并联的阻值		

5. 线路安装任务评价

表 1—8—6

项目内容	配分	扣分原因	扣分
装前检查	5 分		
安装元件	15 分		
布线	40 分		

续表

项目内容	配分	扣分原因				扣分
通电试车	40 分					
管理规范						
定额时间						
成绩						
开始时间		结束时间		实际时间		

二、转子回路中串频敏变阻器控制电路的检修

1. 熟悉任务流程

参照教材中的任务流程图，熟悉本任务的主要工作步骤。

2. 判断故障并排除

(1) 完成以下故障的分析

故障现象：按下 SB1，KM1 和 KM2 吸合，但电动机 M 不能启动。

1）故障范围：根据故障现象分析，在图 1—8—2 中画出故障范围。

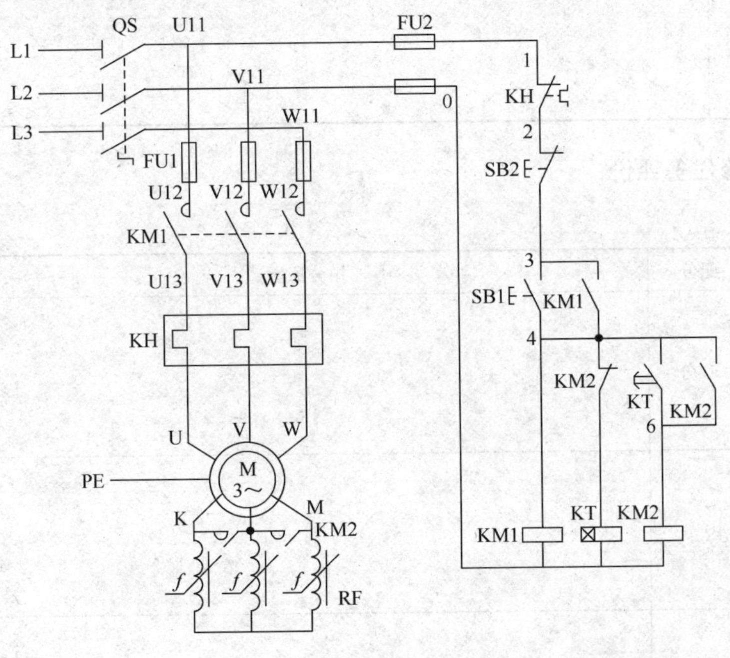

图 1—8—2

2）排查故障点：用测量法（电压法和电阻法）准确、迅速地找出故障点。

写出测量流程：

（2）分析、排除实训线路故障，并做好记录

表 1—8—7

故障现象	
故障分析	
测量与排除方法	

3. 线路检修任务评价

表 1—8—8

项目内容	配分	扣分原因	扣分
故障分析	20 分		
排除故障	40 分		
通电试车	40 分		

续表

项目内容	配分	扣分原因			扣分
管理规范					
定额时间					
成绩					
开始时间		结束时间		实际时间	

任务3　凸轮控制器控制转子回路串电阻启动电路的安装与检修

一、绕线转子异步电动机凸轮控制器控制线路的安装

1. 熟悉任务流程

参照教材中的任务流程图，熟悉本任务的主要工作步骤。

2. 按要求完成以下任务

（1）根据原理图画出元件布置图

（2）元器件选择及检测

参照教材中的元器件明细表选择元器件，并检测其是否完好。

（3）画出接线图

3. 布线

参照主教材所述方法和要求，完成布线。

4. 自检

表 1—8—9

序号	检测任务	操作方法		正确阻值	测量阻值	备注
1	检测主电路	测量 XT 的 U11 与 W11 或 V11 与 W11 阻值	常态时，不动作任何元件	均为∞		
2			单独压下 KM			
3			按下 KM 同时将 AC 手柄从 1 扳到 5	阻值逐渐减小		
4	检测控制电路	测量 XT 的 U11 与 V11 之间的阻值	按下 SB1 或 KM	KM 线圈并联的阻值		

5. 线路安装任务评价

表 1—8—10

项目内容	配分	扣分原因			扣分
装前检查	5 分				
安装元件	15 分				
布线	40 分				
通电试车	40 分				
管理规范					
定额时间					
成绩					
开始时间		结束时间		实际时间	

二、绕线转子异步电动机凸轮控制器控制线路的检修

1. 熟悉任务流程

参照教材中的任务流程图，熟悉本任务的主要工作步骤。

2. 判断故障并排除

（1）完成以下故障的分析

故障现象：凸轮控制器 AC 的手轮置于“0”位，按下 SB1，KM1 线圈吸合，将 AC 手轮置于“1”位，电动机不启动。

1）故障范围：根据故障现象分析，在图 1—8—3 中画出故障范围。

2）排查故障点：用测量法（电压法和电阻法）准确、迅速地找出故障点。

写出测量流程：

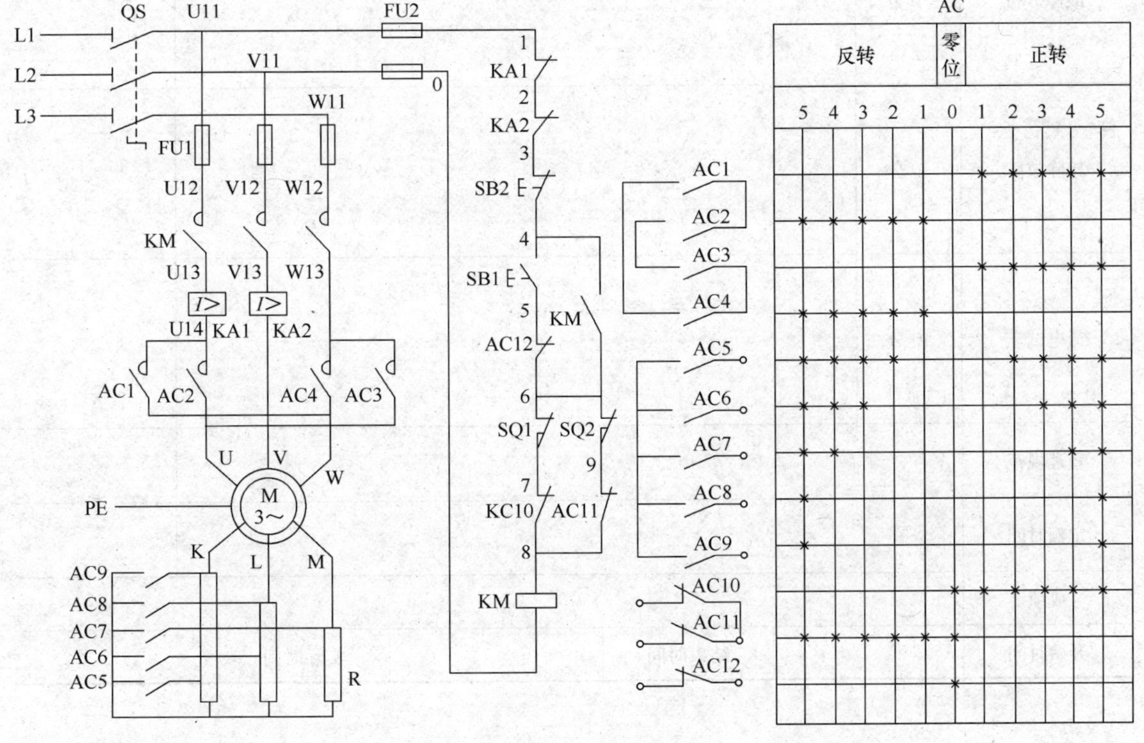

图 1—8—3

（2）分析、排除实训线路故障，并做好记录

表 1—8—11

故障现象	
故障分析	
测量与排除方法	

3. 线路检修任务评价

表 1—8—12

项目内容	配分	扣分原因	扣分
故障分析	20 分		
排除故障	40 分		
通电试车	40 分		
管理规范			
定额时间			
成绩			

开始时间		结束时间		实际时间	

*模块二　直流电动机基本控制线路的安装与检修

项目一

并励直流电动机基本控制线路的安装与检修

任务1　手动启动与调速控制线路的安装与检修

一、熟悉任务流程

参照教材中的任务流程图，熟悉本任务的主要工作步骤。

二、按要求完成以下工作任务

1. 根据原理图分析线路原理及特点

2. 根据原理图画元件布置图和接线图

3. 根据原理图选用并检查元件和导线

参照教材中的元器件明细表选择元器件，并检测其是否完好。

4. 根据布置图牢固安装除电动机及启动变阻器以外各电器元件

5. 按照电路图进行板前明线布线和套编码套管

6. 布线

参照主教材所述方法和要求，完成布线。

7. 自检

表 2—1—1

步骤	自检项目	过程记录	备注
1	按电路图或接线图从电源端开始，逐段核对接线及接线端子处线号是否正确，有无漏接、错接之处		
2	检查导线接点是否符合要求，压接是否牢固		
3	接点接触应良好，以避免带负载运转时产生闪弧现象		
4	用万用表检查线路的通断情况 （1）主线路检测 （2）控制线路的检测		检查时，应选用倍率适当的电阻挡，并进行调零，以防发生短路故障
5	用兆欧表检查线路的绝缘电阻，其阻值应不得小于 1 MΩ		

8. 交验后试车

自检合格，排除故障后提出申请，经教师检查同意后，按照教材所述方法和注意事项，接通电源，通电试车。

三、线路安装任务评价

表 2—1—2

项目内容	配分	扣分原因	扣分
元件筛选	20 分		
按图装接	30 分		
通电试车布线	30 分		
波形测绘	20 分		

续表

管理规范					
定额时间					
成绩					
开始时间		结束时间		实际时间	

四、能力拓展

轧钢企业现场工况条件比较恶劣，为了保证直流电机长期稳定、可靠的运行，预防性的、周期性的维护是必要的。如果你对这感兴趣的话，不妨调查（或者上网查阅）企业是怎么做的。

任务 2　正反转控制电路的安装与检修

一、熟悉任务流程

参照教材中的任务流程图，熟悉本任务的主要工作步骤。

二、按要求完成以下工作任务

1. 根据原理图分析线路原理及特点

2. 根据原理图画元件布置图和接线图

3. 根据原理图选用并检查元件和导线

参照教材中的元器件明细表选择元器件，并检测其是否完好。

4. 根据布置图牢固安装除电动机及启动变阻器以外各电器元件

5. 按照电路图进行板前明线布线和套编码套管

6. 布线

参照教材中所述方法和要求，完成布线。

7. 自检

表 2—1—3

步骤	自检项目	过程记录	备注
1	按电路图或接线图从电源端开始，逐段核对接线及接线端子处线号是否正确，有无漏接、错接之处		
2	检查导线接点是否符合要求，压接是否牢固		
3	接点接触应良好，以避免带负载运转时产生闪弧现象		
4	用万用表检查线路的通断情况 （1）主线路检测 （2）控制线路的检测		检查时，应选用倍率适当的电阻挡，并进行调零，以防发生短路故障
5	用兆欧表检查线路的绝缘电阻，其阻值应不得小于 1 MΩ		

8. 交验后试车

自检合格，排除故障后提出申请，经教师检查同意后，按照教材所述方法和注意事项，接通电源，通电试车。

三、线路安装任务评价

表 2—1—4

项目内容	配分	扣分原因			扣分
元件筛选	20 分				
按图装接	30 分				
通电试车布线	30 分				
波形测绘	20 分				
管理规范					
定额时间					
成绩					
开始时间		结束时间		实际时间	

四、能力拓展

现需利用限位开关来实现直流电机的正反转及停止控制，具体要求是：触发，电机正转，碰到限位开关，电机反转，再碰到另一限位开关，停转，然后重复。试设计电路。

任务 3　制动控制线路的安装与检修

一、熟悉任务流程

参照教材中的任务流程图，熟悉本任务的主要工作步骤。

二、按要求完成以下工作任务

1. 根据原理图分析线路原理及特点

2. 根据原理图画元件布置图和接线图

3. 根据原理图选用并检查元件和导线

参照教材中的元器件明细表选择元器件，并检测其是否完好。

4. 根据布置图牢固安装除电动机及启动变阻器以外的各电器元件

5. 按照电路图进行板前明线布线和套编码套管

6. 布线

参照教材中所述方法和要求，完成布线。

7. 自检

表 2—1—5

步骤	自检项目	过程记录	备注
1	按电路图或接线图从电源端开始，逐段核对接线及接线端子处线号是否正确，有无漏接、错接之处		
2	检查导线接点是否符合要求，压接是否牢固		
3	接点接触应良好，以避免带负载运转时产生闪弧现象		
4	用万用表检查线路的通断情况 （1）主线路检测 （2）控制线路的检测		检查时，应选用倍率适当的电阻挡，并进行调零，以防发生短路故障
5	用兆欧表检查线路的绝缘电阻，其阻值应不得小于 1 MΩ		

8. 交验后试车

自检合格，排除故障后提出申请，经教师检查同意后，按教材中所述方法和注意事项，接通电源，通电试车。

三、线路安装任务评价

表 2—1—6

项目内容	配分	扣分原因			扣分
元件筛选	20 分				
按图装接	30 分				
通电试车布线	30 分				
波形测绘	20 分				
管理规范					
定额时间					
成绩					
开始时间		结束时间		实际时间	

四、能力拓展

试列表比较并励直流电机与三相异步电动机的制动方法及特点。

任务 4　G—M 调速控制线路的安装

一、熟悉任务流程

参照教材中的任务流程图，熟悉本任务的主要工作步骤。

二、按要求完成以下工作任务

1. 根据原理图分析线路原理及特点

原理图如图 2—1—1 所示。

2. 根据印刷板图对照原理图检查元器件

印刷板如图 2—1—2 所示，对所有元器件进行质量检查和管脚判别，然后将元器件插装于印刷板上交教师检查。

3. 完成元器件的焊接及装配

在教师检查通过的基础上，按电子产品的装配要求，完成焊接及装配。

4. 完成接线及通电试车

印刷板如图 2—1—2 所示，其中 L1 和 L2 接电动机励磁绕组（L1 接“－”，L2 接“＋”），M1 和 M2 接电动机电枢绕组，AC110 接交流 110 V 电源（经过调压仪输出），AC36 接交流 36 V 电源（经过变压器输出），RP1 调反馈量，RP2 调电机速度快慢。直流电机引出线有四根：较细的两根为电动机励磁绕组，较粗的两根为电动机电枢绕组。

调试步骤：

（1）对触发电路部分供给交流 36 V 电源，用示波器观察梯形波、锯齿波和触发脉冲。

（2）调节 RP2，使触发角为 90°，画出此时的三种波形图。

（3）接好主电路的电源及电动机连线，试运行；再调节 RP2，检查电动机调速是否平滑。然后适当调整反馈量（调节 RP1），实现平滑调速。

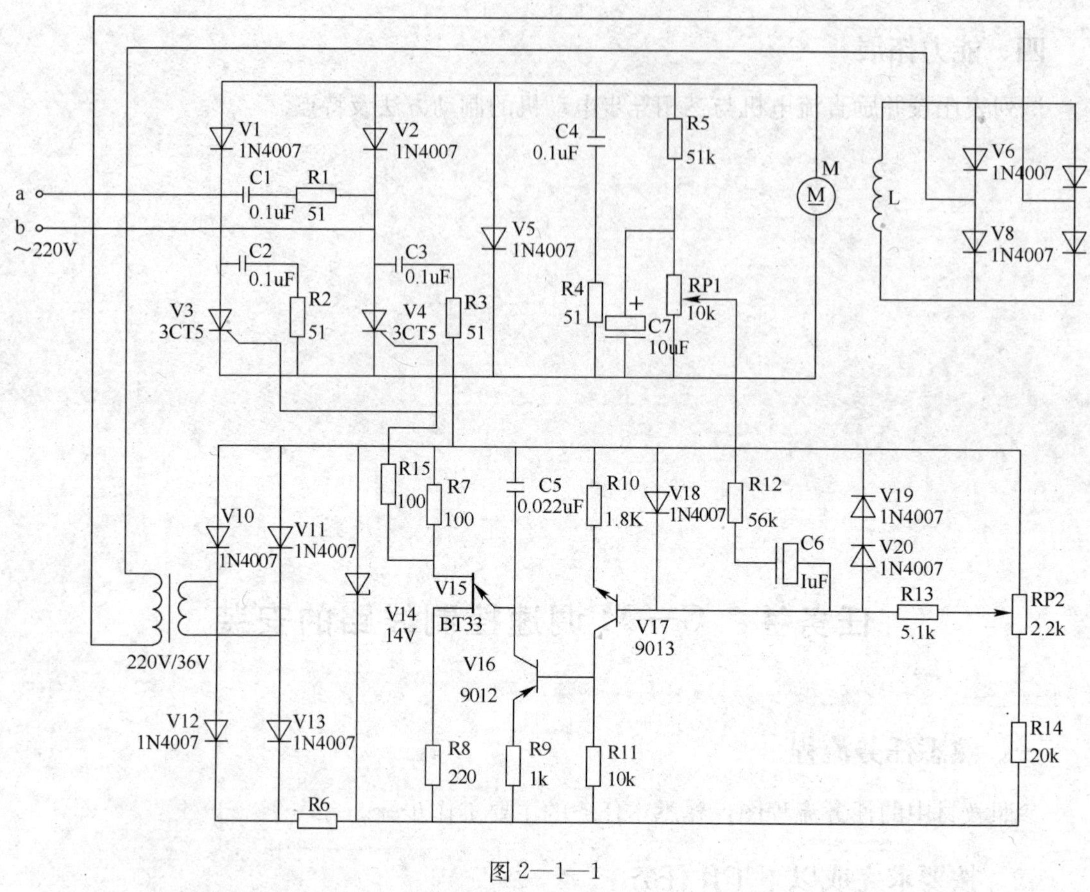

图 2—1—1

三、线路安装任务评价

表 2—1—7

项目内容	配分	扣分原因			扣分
元件筛选	20 分				
按图装接	30 分				
通电试车布线	30 分				
波形测绘	20 分				
管理规范					
定额时间					
成绩					
开始时间		结束时间		实际时间	

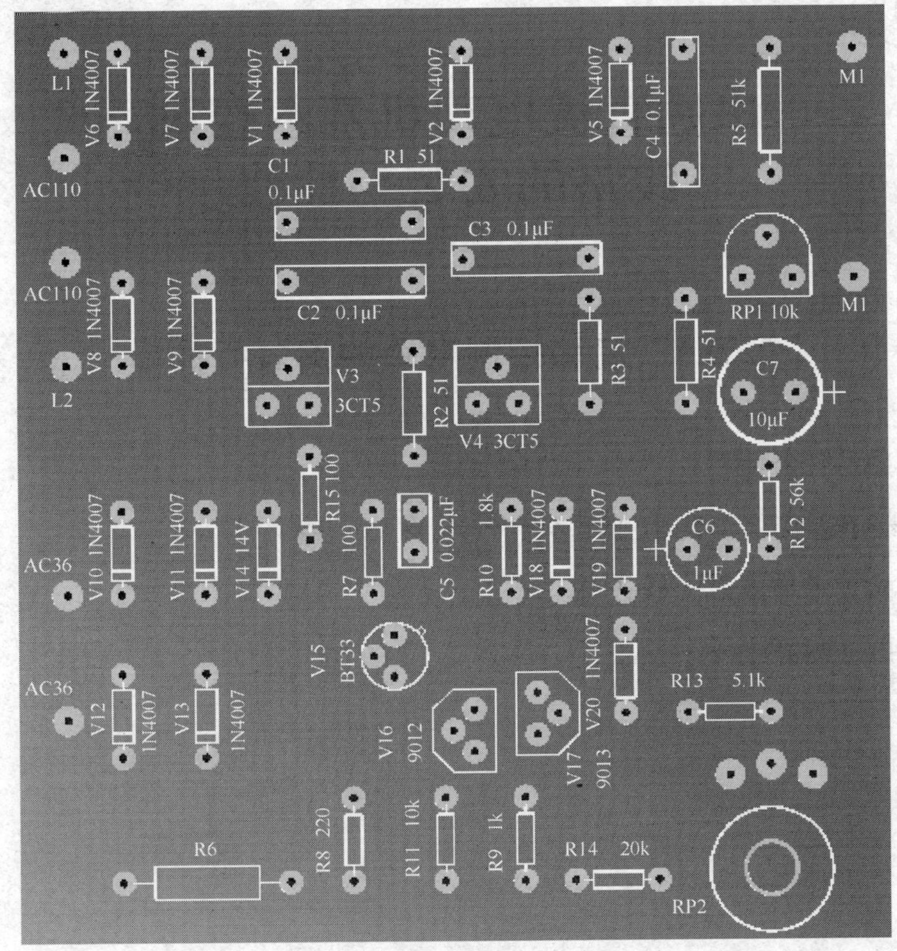

图 2—1—2

四、能力拓展

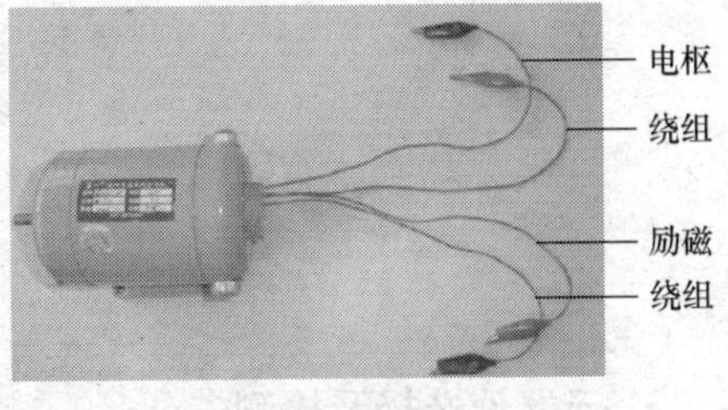

图 2—1—3

如果在安装直流电动机控制线路时没有直流接触器能否采用交流接触器代替？如果可以，需要遵循什么原则？

项目二

串励直流电动机基本控制线路的安装与检修

任务1 启动控制电路的安装与检修

一、熟悉任务流程

参照教材中的任务流程图，熟悉本任务的主要工作步骤。

二、按要求完成以下任务

1. 画出元件布置图

2. 画出接线图

3. 元器件选择及检测

参照教材中的元器件明细表选择元器件，并检测其是否完好。

三、布线

参照教材中所述方法和要求，完成布线。

四、自检

表 2—2—1

步骤	自检项目	过程记录	备注
1	按电路图或接线图从电源端开始，逐段核对接线及接线端子处线号是否正确，有无漏接、错接之处		
2	检查导线接点是否符合要求，压接是否牢固		
3	接点接触应良好，以避免带负载运转时产生闪弧现象		
4	用万用表检查线路的通断情况 （1）主线路检测 （2）控制线路的检测		检查时，应选用倍率适当的电阻挡，并进行校零，以防发生短路故障
5	用兆欧表检查线路的绝缘电阻，其阻值应不得小于 1 MΩ		

五、线路安装任务评价

表 2—2—2

项目内容	配分	扣分原因	扣分		
元件筛选	20 分				
按图装接	30 分				
通电试车布线	30 分				
波形测绘	20 分				
管理规范					
定额时间					
成绩					
开始时间		结束时间		实际时间	

任务 2　正反转控制电路的安装与检修

一、熟悉任务流程

参照教材中的任务流程图，熟悉本任务的主要工作步骤。

二、按要求完成以下工作任务

1. 根据原理图分析线路原理及特点

2. 根据原理图画元件布置图和接线图

3. 根据原理图选用并检查元件和导线

参照教材中的元器件明细表选择元器件，并检测其是否完好。

4. 根据布置图牢固安装除电动机及启动变阻器以外的各电器元件

5. 按照电路图进行板前明线布线和套编码套管

6. 布线

参照教材中所述方法和要求，完成布线。

7. 自检

表 2—2—3

步骤	自检项目	过程记录	备注
1	按电路图或接线图从电源端开始，逐段核对接线及接线端子处线号是否正确，有无漏接、错接之处		
2	检查导线接点是否符合要求，压接是否牢固		
3	接点接触应良好，以避免带负载运转时产生闪弧现象		

续表

步骤	自检项目	过程记录	备注
4	用万用表检查线路的通断情况 （1）主线路检测 （2）控制线路的检测		检查时，应选用倍率适当的电阻挡，并进行校零，以防发生短路故障
5	用兆欧表检查线路的绝缘电阻，其阻值应不得小于 1 MΩ		

8. 交验后试车

自检合格，排除故障后提出申请，经教师检查同意后，按教材中所述方法和注意事项，接通电源，通电试车。

三、线路安装任务评价

表 2—2—4

项目内容	配分	扣分原因			扣分
元件筛选	20 分				
按图装接	30 分				
通电试车布线	30 分				
波形测绘	20 分				
管理规范					
定额时间					
成绩					
开始时间		结束时间		实际时间	

任务 3　能耗制动控制电路的安装

一、熟悉任务流程

参照教材中的任务流程图，熟悉本任务的主要工作步骤。

二、按要求完成以下工作任务

1. 根据原理图分析线路原理及特点

2. 根据原理图画元件布置图和接线图

3. 根据原理图选用并检查元件和导线

参照教材中的元器件明细表选择元器件，并检测其是否完好。

4. 根据布置图牢固安装除电动机及启动变阻器以外的各电器元件

5. 按照电路图进行板前明线布线和套编码套管

6. 布线

参照教材中所述方法和要求，完成布线。

7. 自检

表 2—2—5

步骤	自检项目	过程记录	备注
1	按电路图或接线图从电源端开始，逐段核对接线及接线端子处线号是否正确，有无漏接、错接之处		
2	检查导线接点是否符合要求，压接是否牢固		
3	接点接触应良好，以避免带负载运转时产生闪弧现象		
4	用万用表检查线路的通断情况 （1）主线路检测 （2）控制线路的检测		检查时，应选用倍率适当的电阻挡，并进行调零，以防发生短路故障
5	用兆欧表检查线路的绝缘电阻，其阻值应不得小于 1 MΩ		

8. 交验后试车

自检合格，排除故障后提出申请，经教师检查同意后，按照教材所述方法和注意事项，接通电源，通电试车。

三、线路安装任务评价

表 2—2—6

<table>
<tr><th>项目内容</th><th>配分</th><th colspan="3">扣分原因</th><th>扣分</th></tr>
<tr><td>元件筛选</td><td>20 分</td><td colspan="3"></td><td></td></tr>
<tr><td>按图装接</td><td>30 分</td><td colspan="3"></td><td></td></tr>
<tr><td>通电试车布线</td><td>30 分</td><td colspan="3"></td><td></td></tr>
<tr><td>波形测绘</td><td>20 分</td><td colspan="3"></td><td></td></tr>
<tr><td>管理规范</td><td colspan="4"></td><td></td></tr>
<tr><td>定额时间</td><td colspan="4"></td><td></td></tr>
<tr><td>成绩</td><td colspan="5"></td></tr>
<tr><td>开始时间</td><td></td><td>结束时间</td><td></td><td>实际时间</td><td></td></tr>
</table>

任务 4　反接制动控制电路的安装

一、熟悉任务流程

参照教材中的任务流程图，熟悉本任务的主要工作步骤。

二、按要求完成以下工作任务

1. 根据原理图分析线路原理及特点

2. 根据原理图画元件布置图和接线图

3. 根据原理图选用并检查元件和导线

参照教材中的元器件明细表选择元器件，并检测其是否完好。

4. 根据布置图牢固安装除电动机及启动变阻器以外的各电器元件

5. 按照电路图进行板前明线布线和套编码套管

6. 布线

参照主教材所述方法和要求，完成布线。

7. 自检

表 2—2—7

步骤	自检项目	过程记录	备注
1	按电路图或接线图从电源端开始，逐段核对接线及接线端子处线号是否正确，有无漏接、错接之处		
2	检查导线接点是否符合要求，压接是否牢固		
3	接点接触应良好，以避免带负载运转时产生闪弧现象		
4	用万用表检查线路的通断情况 （1）主线路检测 （2）控制线路的检测		检查时，应选用倍率适当的电阻挡，并进行调零，以防发生短路故障
5	用兆欧表检查线路的绝缘电阻，其阻值应不得小于 1 MΩ		

8. 交验

学生提出申请，经教师检查同意后方可进行下道工序。

9. 交验后试车

自检合格，排除故障后提出申请，经教师检查同意后，按照教材所述方法和注意事项，接通电源，通电试车。

三、线路安装任务评价

表 2—2—8

项目内容	配分	扣分原因			扣分
元件筛选	20 分				
按图装接	30 分				
通电试车布线	30 分				
波形测绘	20 分				
管理规范					
定额时间					
成绩					
开始时间		结束时间		实际时间	

模块三　常用生产机械电气控制线路的识读及故障检修

项目一

CA6140 型车床电气控制线路

任务 1　认识 CA6140 型车床

一、熟悉任务流程

参照教材中的任务流程图，熟悉本任务的主要工作步骤。

二、开车前的准备

1. 通过实物认识 CA6140 型卧式车床的主要结构和操作控件。熟悉电器的位置、型号及结构。

2. 合上电源开关 QS 后指示灯亮，再合上机床照明开关 SA，照明灯 EL 点亮。各操作手柄置合理位置后方可进行下面操作。

三、主轴电动机的启动操作

启动主轴电动机，观察其运行情况。按表 3—1—1，观察主轴电动机 M1 和电器控制箱内部电器元件的动作情况，并做好记录。

表 3—1—1

序号	操作内容	观察内容	正常结果	观察结果
1	按下按钮 SB2	KM	吸合	
		主轴电动机	运转	
2	向上抬起机械操纵手柄	主轴	立即正转	
		卡盘	带动工件正转	
3	向下抬起机械操纵手柄	主轴	立即反转	
		卡盘	带动工件反转	

四、冷却泵电动机的启停操作

转动 SB4 旋转开关至“I”位置，冷却泵启动，将 SB4 旋转到“O”位置时，冷却泵停止。观察其运行情况。主轴电动机启动后，观察冷却泵和电器元件的工作情况，并做好记录。

表 3—1—2

序号	操作内容	观察内容	正常结果	观察结果
1	SB4 转至“I”	KA1	吸合	
		冷却泵电动机	运转	
		切削液管	有切削液流出	
2	SB4 转至“O”	KA1	释放	
		冷却泵电动机	停转	
		切削液管	切削液流出停止	

五、主轴电动机的停止操作

按下 SB1 紧急停止按钮时，主轴电动机和冷却泵同时停止，机床处于急停状态。按照按钮上箭头方向（顺时针）旋转急停按钮 SB1，急停按钮将复位。

表 3—1—3

序号	操作内容	观察内容	正常结果	观察结果
1	按下 SB2	KM	吸合	
		主轴	运转	
2	按下 SB1	KM	释放	
		主轴	停止	

六、刀架快速移动电动机 M2 的启动操作

按下点动按钮 SB3，刀架快速移动电动机得电运转，带动刀架快速移动，实现迅速对刀。松开启动按钮 SB3，刀架快速移动电动机失电停转，刀架立即停止移动。

表 3—1—4

序号	操作内容	观察内容	正常结果	观察结果
1	按下 SB3	KA2	吸合	
		刀架电动机 M3	运转	
		刀架	快速移动	
2	松开 SB3	KA2	释放	
		刀架电动机 M3	停转	
		刀架	快速移动停止	

七、溜板的进给操作

首先根据加工需求，扳动丝杠、光杠变换手柄，然后再扳动进给操作手柄，实现大溜板的纵向进给或中溜板的横向进给。也可摇动进给手轮，实现各溜板的手动进给。

八、关机操作

如果机床停止使用，为了确保人身和设备安全，一定要关断电源开关 QF。

九、操作要点

1. 必须在熟悉车床结构和操纵系统的前提下，才能动手操作训练。
2. 操作时必须有教师在场监护指导。
3. 按步骤正确操作 CA6140 型卧式车床，确保设配安全。
4. 注意观察 CA6140 型卧式车床电器元件的安装位置和走线情况。

十、操作评分表

表 3—1—5

<table>
<tr><th>项目内容</th><th>配分</th><th colspan="3">扣分原因</th><th>扣分</th></tr>
<tr><td>故障现象</td><td>10 分</td><td colspan="3" rowspan="4"></td><td></td></tr>
<tr><td>故障范围</td><td>20 分</td><td></td></tr>
<tr><td>通电试车</td><td>40 分</td><td></td></tr>
<tr><td>故障修复</td><td>30 分</td><td></td></tr>
<tr><td>管理规范</td><td colspan="4"></td><td></td></tr>
<tr><td>定额时间</td><td colspan="4"></td><td></td></tr>
<tr><td>成绩</td><td colspan="5"></td></tr>
<tr><td>开始时间</td><td></td><td>结束时间</td><td></td><td>实际时间</td><td></td></tr>
</table>

任务 2　CA6140 型车床主电路常见电气故障的检修

一、熟悉任务流程

参照教材中的任务流程图，熟悉本任务的主要工作步骤。

二、判断故障并排除

1. 故障检修举例

故障现象：合上电源开关 QF，按下 SB2 时，KM1 吸合，主轴电动机 M1 转速极低或不转，发出“嗡嗡”声。此时应立即切断电源，避免烧坏电动机。

1）判断故障范围：根据故障现象判断故障范围，如图 3—1—1 所示。

2）查找故障点：用电压法和电阻法检测。

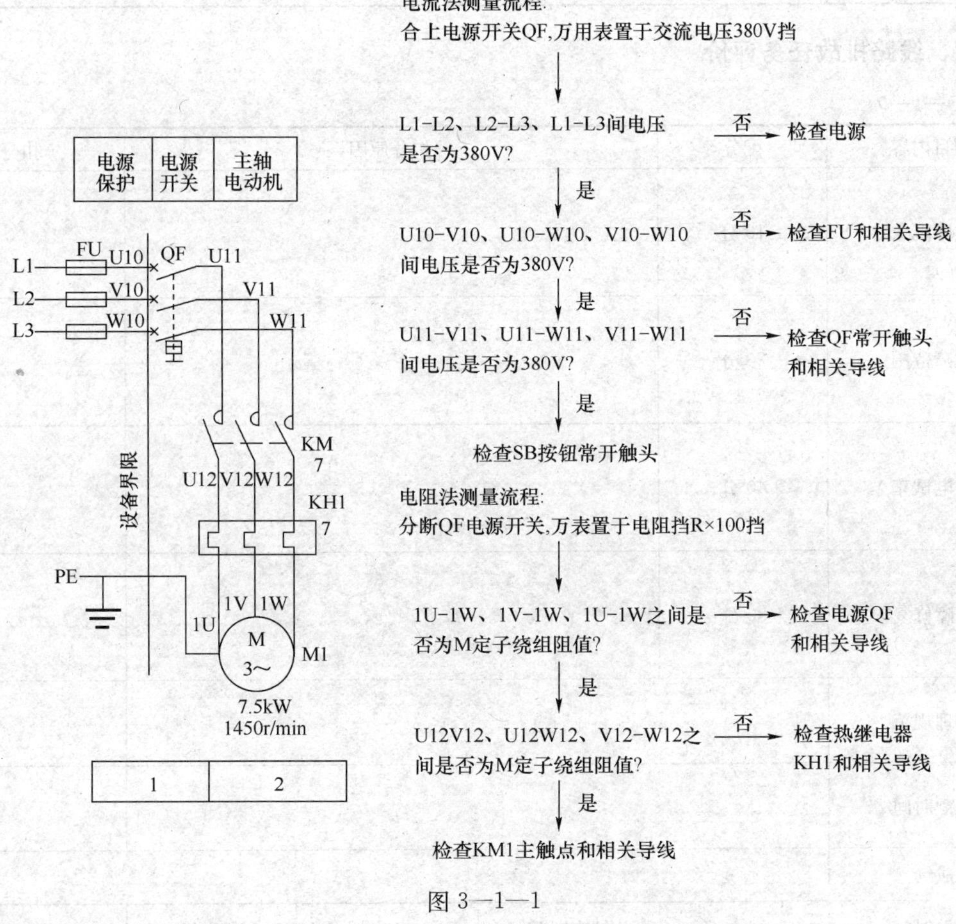

图 3—1—1

3）排除故障：根据故障点情况，断开电源开关 QF，用正确的方法排除故障。

4）通电试车：检查车床各项操作，直至符合技术要求为止。

冷却泵电动机 M2 主电路、刀架快速移动电动机 M3 主电路与主轴电动机 M1 常见故障检修方法相似。

2. 分析、排除实训线路故障，并做好记录

表 3—1—6

故障现象	
故障分析	
测量与排除方法	

三、线路排故任务评价

表 3—1—7

项目内容	配分	扣分原因			扣分
故障现象	10 分				
故障范围	20 分				
通电试车	40 分				
故障修复	30 分				
管理规范					
定额时间					
成绩					
开始时间		结束时间		实际时间	

任务 3　CA6140 型车床控制电路常见电气故障检修

一、熟悉任务流程

参照教材中的任务流程图，熟悉本任务的主要工作步骤。

二、判断故障并排除

1. 故障检修举例

故障现象：合上电源开关 QF，信号灯 HL 不亮。

1）判断故障范围：根据故障现象，判断故障范围，如图 3—1—2 所示。

2）查找故障范围，用电压测量法检修，万用表置交流电压 500 V 挡。

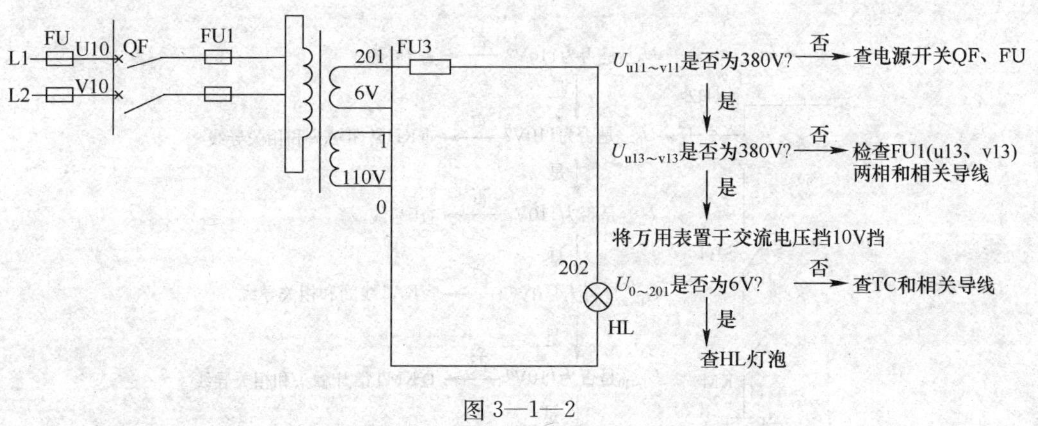

图 3—1—2

照明灯电路的检测方法和信号灯线路的检测方法相似，注意调整万用表交流电压挡。

3）排除故障：根据故障点情况，断开电源开关 QF，用正确的方法排除故障。

4）通电试车：检查车床各项操作，直至符合技术要求为止。

2. 故障检修举例二

故障现象：合上电源开关 QF，按主轴电动机启动，按钮 SB2，接触器 KM 不吸合（车床工作照明灯亮）。

1）判断故障范围：用万用表交流电压 250 V 挡，如图 3—1—3 所示。

2）查找故障点：用电压测量法检查（使 SQ1 闭合）。

3）排除故障：根据故障点情况，断开电源开关 QF，用正确的方法排除故障。

4）通电试车：检查车床各项操作，直至符合技术要求为止。

3. 故障检修举例三

故障现象：合上电源开关 QS，主轴电动机 M1 启动后，按下 SB4，中间继电器 KA1 不吸合。

1）判断故障范围：根据故障现象，判断故障范围，如图 3—1—4 所示。

2）查找故障点。

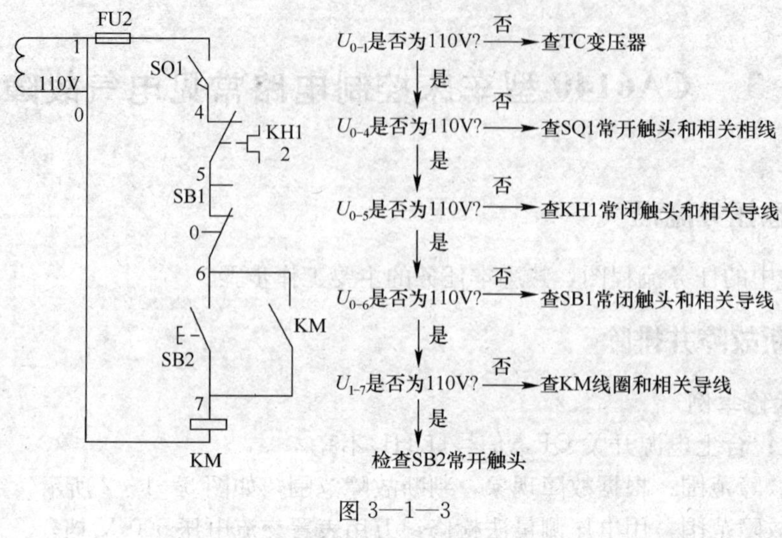

图 3—1—3

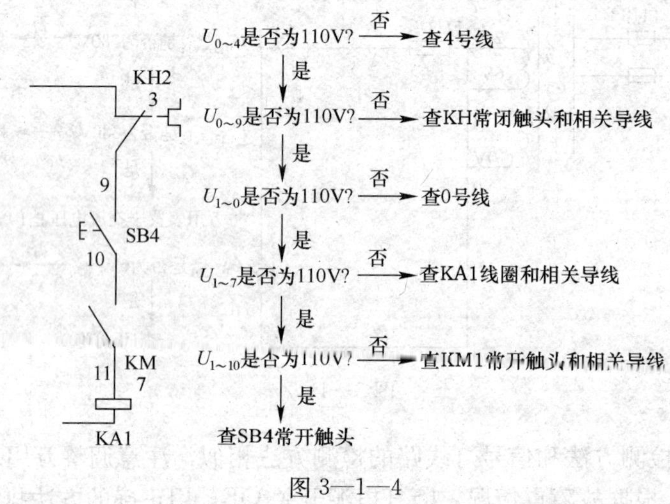

图 3—1—4

3）排除故障：根据故障点情况，断开电源开关 QF，用正确的方法排除故障。

4）通电试车：检查车床各项操作，直至符合技术要求为止。

4. 分析、排除实训线路故障，并做好记录

表 3—1—8

故障现象	
故障分析	
测量与排除方法	

5. 线路排故任务评价

表 3—1—9

项目内容	配分	扣分原因			扣分
故障现象	10 分				
故障范围	20 分				
通电试车	40 分				
故障修复	30 分				
管理规范					
定额时间					
成绩					
开始时间		结束时间		实际时间	

项目二

M7130 型平面磨床电气控制线路

任务 1　认识 M7130 型平面磨床

一、熟悉任务流程

参照教材中的任务流程图，熟悉本任务的主要工作步骤。

二、开车前的准备

1. 通过实物认识 M7130 型卧式车床的主要结构和操作控件。熟悉电器的位置、型号及结构。

2. 合上电源开关 QS，再合上机床照明开关 SA，使照明灯 EL 点亮。各操作手柄置合理位置后方可进行下面的操作。

三、固定物件操作

表 3　2　1

序号	操作内容	观察内容	正常结果	观察结果
1	QS2 转至“吸合”	KA	吸合	
2	QS2 转至“退磁”	KA	释放	

四、砂轮电动机控制操作

表 3—2—2

序号	操作内容	观察内容	正常结果	观察结果
1	按下 SB1	KM1	吸合	
2	按下 SB2	KM1	释放	

五、冷却泵电动机控制操作

表 3—2—3

序号	操作内容	观察内容	正常结果	观察结果
1	插上 X1	冷却泵电机	运转	
2	拔出 X1	冷却泵电机	停止	

六、液压泵电动机控制操作

表 3—2—4

序号	操作内容	观察内容	正常结果	观察结果
1	按下 SB3	KM2	吸合	
2	按下 SB4	KM2	释放	

七、关机操作

如果机床停止使用，为了确保人身和设备安全，一定要关断电源开关 QF。

八、操作要点

1. 必须在熟悉车床结构和操纵系统的前提下，才能动手操作训练。
2. 操作时必须有老师在场监护指导。
3. 按步骤正确操作 M7130 型卧式车床，确保设配安全。
4. 注意观察 M7130 型卧式车床电器元件的安装位置和走线情况。

任务 2　M7130 型平面磨床主电路常见故障的检修

一、熟悉任务流程

参照教材中的任务流程图，熟悉本任务的主要工作步骤。

二、故障分析与排除

1. 故障检修举例

故障现象：合上电源开关 QF，按下 SB1 时，KM1 吸合，主轴电动机 M1 转速极低或不转，发出“嗡嗡”声。

（1）判断故障范围：出现此故障时应立即切断电源，避免烧坏电动机，然后根据故障现象判断故障范围，如图 3—2—1 所示。

（2）查找故障点：用电压法和电阻法检测。

（3）排除故障：根据故障点情况，断开电源开关 QF，用正确的方法排除故障。

（4）通电试车：检查机床各项操作，直至符合技术要求为止。

2. 完成下列故障分析

故障现象：合上电源开关 QF，按下 SB4 时，KA1 吸合，冷却泵电动机 M2 不转，发出“嗡嗡”声。

（1）判断故障范围：出现此故障时应立即切断电源，避免烧坏电动机，然后根据故障现

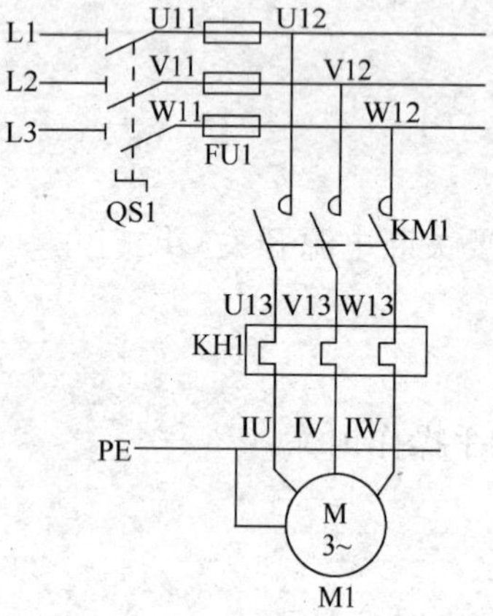

(电流法)测量流程：合上电源开关QF，万用表置于交流电压380V挡。

L1-L2、L2-L3、L1-L3间电压是否有380V? —否→ 检查电源
↓是
U11-V11、U11-W11、V11-W11间电压是否有380V? —否→ 检查QF常开触头和导线
↓是
U12-V12、U12-W12、V12-W12间电压是否有380V? —否→ 检查FU1和相关导线
↓是
检查KM1主触点和相关导线

(电阻法)测量流程：分断QF电源开关，万表置于电阻挡R×100挡。

1U-1W、1V-1W、1U-1W之间是否有M定子绕组阻值? —否→ 检查电源QF和相关导线
↓是
U13V13、U13W13、V13-W13之间是否有M定子绕组阻值? —否→ 检查KH1热元件和相关导线
↓是
检查KM1主触点和相关导线

图 3—2—1

象判断故障范围，在下方空白处画出故障区域图。

（2）查找故障点：用电压法和电阻法检测，在下方空白处写出测量流程。

3. 分析、排除实训线路故障，并做好记录

表 3—2—5

故障现象	
故障分析	
测量与排除方法	

三、线路排故任务评价

表 3—2—6

项目内容	配分	扣分原因			扣分
故障现象	10 分				
故障范围	20 分				
通电试车	40 分				
故障修复	30 分				
管理规范					
定额时间					
成绩					
开始时间		结束时间		实际时间	

任务 3　M7130 型平面磨床电气控制线路常见故障检修

一、熟悉任务流程

参照教材中的任务流程图，熟悉本任务的主要工作步骤。

二、故障分析与排除

1. 故障分析练习一

故障现象：合上电源开关 QS1，再闭合转换开关 SA，照明灯 HL 不亮。

（1）判断故障范围：根据故障现象，判断故障范围在下方空白处画出故障区域图。

（2）查找故障范围，用电压测量法检修，写出测量流程。

2. 故障分析练习二

故障现象：先将 QS2 扳至“吸合”位置，再合上电源开关 QS1，然后按下启动按钮 SB1，接触器 KM1 不吸合，砂轮架电动机 M1 不启动；按下 SB3 启动按钮，接触器 KM2 也不吸合，液压泵电动机也不能启动。

（1）判断故障范围：根据故障现象，判断故障范围。

可先按下照明开关，看照明灯能否正常发光。如不能，按上面故障举例一进行检修，如果正常的话，说明控制电路的电源电压正常，而接触器 KM1、KM2 都没有吸合，那么故障范围就可以基本确定是控制线路的公共部分（如图 3—2—2 虚线区域），因为一般情况下不会恰好 SB1 和 SB3 同时接触不良。

（2）查找故障范围，用电压测量法检修，写出测量流程。

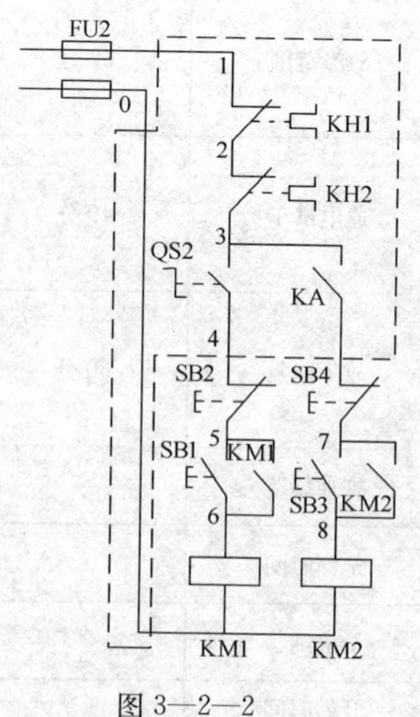

图 3—2—2

需要注意的是：此电路的不同之处就在于如果电磁吸盘无吸力，那么砂轮电动机是不允许启动的，也就是不允许对工件进行加工的，否则会出事故。因此须先排除电磁吸盘无吸力或者吸力不足的故障现象。

3. 故障分析练习三

故障现象：电磁吸盘无吸力。

（1）判断故障范围：根据故障现象，判断故障范围。

电磁吸盘无吸力说明没有电流通过电磁吸盘线圈，因此，应该先检测电磁吸盘两端有无电压，然后逐级向变压器 T1 检测。故障区域如图 3—2—3 所示。

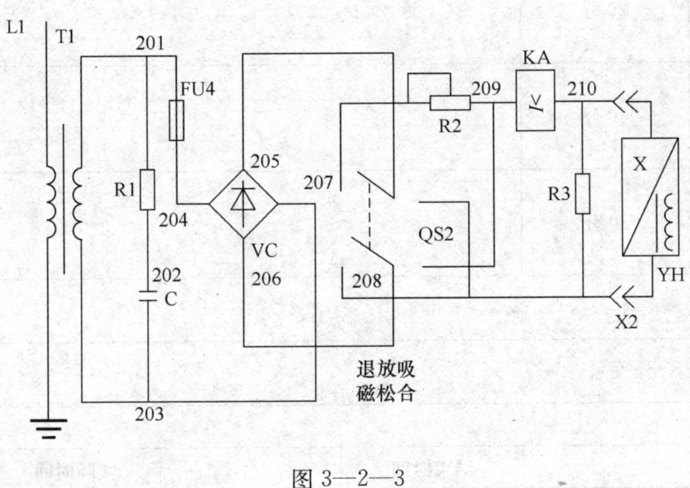

图 3—2—3

（2）查找故障范围，用电压测量法检修，写出测量流程。

4. 分析、排除实训线路中的故障，并做好记录

表 3—2—7

故障现象	
故障分析	
测量与排除方法	

三、线路排故任务评价

表 3—2—8

项目内容	配分	扣分原因				扣分
故障现象	10 分					
故障范围	20 分					
通电试车	40 分					
故障修复	30 分					
管理规范						
定额时间						
成绩						
开始时间		结束时间		实际时间		

项目三

Z3040 型摇臂钻床电气控制线路

任务 1　认识 Z3040 型摇臂钻床

一、熟悉任务流程

参照教材中的任务流程图，熟悉本任务的主要工作步骤。

二、开车前的准备

1. 合上电源开关 QS1，接通机床电源。再合上照明开关 SA，使局部工作照明灯 EL 点亮。

2. 检查各手柄是否在正常位置。

三、主轴电动机的控制操作

启动主轴电动机，观察其运行情况。按表 3—3—2 操作，认真观察主轴电动机 M1 和电气控制箱内部电器元件的动作情况，并做好记录。

表 3—3—1

序号	操作内容	观察内容	正常结果	观察结果
1	按下启动按钮 SB2，主轴操纵手柄打至“正转”挡	KM1	吸合	
		主轴指示灯 HL3	点亮	
		主轴	正转	
2	按下启动按钮 SB2，主轴操纵手柄打至“反转”挡	KM1	释放	
		主轴指示灯 HL3	点亮	
		主轴	反转	
3	按下停止按钮 SB1	KM1	熄灭	
		主轴指示灯 HL3	释放	
		主轴	反转	

四、摇臂升降的控制操作

启动摇臂上升，观察其运行情况。按表 3—3—3 操作，观察摇臂和电气控制箱内部电器元件的动作情况，并记录观察结果。

表 3—3—2

序号	操作内容	观察内容	正常结果	观察结果
1	按下上升按钮 SB3	KT	吸合	
		KM4	吸合	
		YA	吸合	
		液压泵 M3	正转	
		摇臂运动情况	放松（摇臂放松后压 SQ2）	
		KM4	释放	
		液压泵 M3	停转	
		KM2	吸合	
		摇臂电动机 M2	正转	
		摇臂运动情况	上升	
2	松开上升按钮 SB3	KM2	释放	
		摇臂电动机 M2	停转	
		摇臂	停止上升	
		KT	失电 1～3 s 后	
		KM5	吸合	
		液压泵 M3	反转	
		摇臂运动情况	夹紧（摇臂夹紧后压 SQ3）	
		YA	释放	
		主轴指示灯 HL3	释放	
		液压泵 M3	停转	

五、冷却泵电动机控制

按表 3—3—3 操作，观察冷却泵电动机和电气控制箱内部电器元件的动作情况，并做好记录。

表 3—3—3

操作内容	观察内容	正常结果	观察结果
闭合 QS2	冷却泵电动机	正转	
	切削液管	有切削液	
	电气控制箱内部	保持原有状态	

六、立柱、主轴箱的放松与夹紧控制

启动立柱、主轴箱的放松与夹紧，观察其运行情况。按表3—3—5操作，观察立柱、主轴箱和电气控制箱内部电器元件的动作情况，并做好记录。

表3—3—4

序号	操作内容	观察内容	正常结果	观察结果
1	按下按钮SB5	KM4	吸合	
		液压泵M3	正转	
		立柱和主轴箱运动情况	放松，可以运动	
		放松指示灯	点亮	
2	按下按钮SB6	KM5	吸合	
		液压泵M3	反转	
		立柱和主轴箱运动情况	夹紧，不可运动	
		夹紧指示灯	点亮	

七、关机操作

如果机床停止使用，为了确保人身和设备安全，一定要关断电源开关QF。

八、操作要点

1. 必须在熟悉车床结构和操纵系统的前提下，才能动手操作训练。
2. 操作时必须有教师在场监护指导。
3. 按步骤正确操作M7130型卧式车床，确保设配安全。
4. 注意观察M7130型卧式车床电器元件的安装位置和走线情况。

任务2　Z3040型摇臂钻床主电路常见故障检修

一、熟悉任务流程

参照教材中的任务流程图，熟悉本任务的主要工作步骤。

二、故障分析与排除

1. 故障分析练习一

故障现象：合上电源开关QS，扳动手动组合开关SA1，冷却泵电动机不工作。

（1）判断故障范围：根据故障现象判断故障范围，如图3—3—1所示。

（2）查找故障点：用电压法和电阻法检测，写出测量流程。

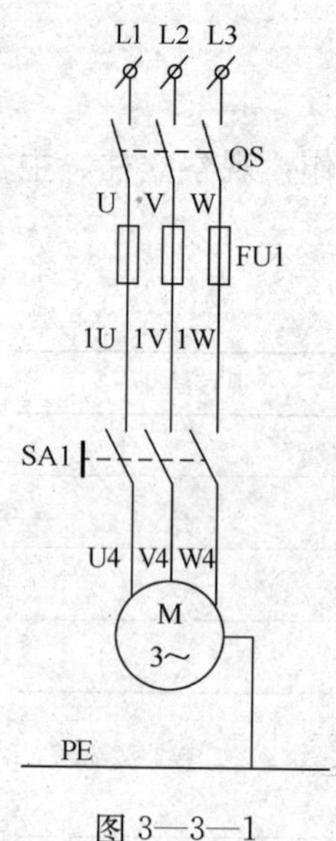

图 3—3—1

2. 故障分析练习二

故障现象：合上电源开关 QS，然后按下启动按钮 SB3，观察接触器 KM2 能得电吸合，摇臂升降电动机 M2 启动运行，摇臂能正常上升；再按下 SB4 启动按钮，观察接触器 KM3 能得电吸合，但电动机 M2 不能启动运行，摇臂不能正常下降。

（1）判断故障范围：根据故障现象判断故障范围，在下方空白处画出故障区域图。

（2）查找故障点：用电压法和电阻法检测，写出测量流程。

3. 分析、排除实训线路故障，并做好记录

表 3—3—5

故障现象	
故障分析	
测量与排除方法	

三、线路排故任务评价

表 3—3—6

项目内容	配分	扣分原因		扣分	
故障现象	10 分				
故障范围	20 分				
通电试车	40 分				
故障修复	30 分				
管理规范					
定额时间					
成绩					
开始时间		结束时间		实际时间	

任务 3　Z3040 型摇臂钻床电气控制线路常见故障检修

一、熟悉任务流程

参照教材中的任务流程图，熟悉本任务的主要工作步骤。

二、故障分析与排除

1. 故障分析练习一

故障现象：合上电源开关 QS，然后按下摇臂上升启动按钮 SB3，观察到时间继电器 KT 得电动作，接触器 KM4 先得电吸合然后又失电复位，而 KM2 一直不能得电吸合，摇臂也不能上升；再按下摇臂下降启动按钮 SB4，接触器 KM3 也不能得电，摇臂也不能下降。

（1）判断故障范围：根据故障现象判断故障范围。

摇臂不能升降的主要原因是接触器 KM2、KM3 都没有得电吸合，由于时间继电器 KT 能得电动作，说明控制电路的电源电压正常，一般情况下不会恰好升降启动按钮 SB3 和 SB4 或接触器 KM2 和 KM3 同时发生故障，故障大多数位于控制线路的公共部分。其故障范围是：6 号线—SQ2 常开触点—7 号线。在下方空白处画出故障区域图。

（2）查找故障点：用电压法和电阻法检测，写出测量流程。

2. 故障分析练习二

故障现象：当摇臂升降到预定位置时，手松开摇臂升降启动按钮，摇臂升降电动机 M2 停转，时间继电器 KT 失电，但接触器 KM5 没有吸合，液压泵电动机 M3 没有启动运行，摇臂不能夹紧。这时按下主轴箱松开按钮 SB5，使主轴箱先松开，然后再按下主轴箱夹紧按钮 SB6，发现主轴箱能够夹紧。

（1）判断故障范围：根据故障现象判断故障范围。

当摇臂升降到所需位置后，手松开摇臂升降启动按钮，夹紧过程应自动完成。通过观察故障现象得知，导致摇臂不能夹紧的原因是 KM5 不能得电吸合，所以故障应位于 KM5 线圈回路中。又因为主轴箱能夹紧（接触器 KM5 能得电吸合），所以故障应为 SQ3 闭合时触点接触不良或连接导线松脱。在下方空白处画出故障区域图。

（2）查找故障点：用电压法和电阻法检测，写出测量流程。

3. 故障分析练习三

故障现象：合上电源开关 QS，液压泵电动机 M3 就自行启动运转。

（1）判断故障范围：根据故障现象判断故障范围。

合上电源开关 QS，经观察发现接触器 KM5、电磁阀 YA 处于得电动作状态，液压泵电动机 M3 一直运转，这一现象是实现摇臂夹紧工作过程，但是摇臂已经夹紧。当摇臂自动夹紧后，活塞杆通过弹簧片压下位置开关 SQ3，使接触器 KM5、电磁阀 YA 自动失电，从而液压泵电动机 M3 停转，摇臂夹紧过程结束。出现上述故障现象的原因是摇臂夹紧后 SQ3 常闭触点（1—17）没有被即时断开。在下方空白处画出故障区域图。

（2）查找故障点：用电压法和电阻法检测，写出测量流程。

4. 故障分析练习四

故障现象：合上电源开关 QS，按下启动按钮 SB5，主轴箱和立柱能正常放松，再按下 SB6，接触器 KM5 不能得电吸合，液压泵电动机 M3 不能运行，主轴箱和立柱不能夹紧。而通过操作观察摇臂的升降过程，发现一切正常。

（1）判断故障范围：根据故障现象判断故障范围。

因为按下 SB6，接触器 KM5 不能得电吸合从而导致了主轴箱和立柱不能夹紧，所以故障应位于 KM5 线圈回路中；又因为摇臂能自动夹紧（即 KM5 能得电吸合），因此可以推断故障为按钮 SB6 常开触点（1—17）闭合时接触不良或导线松脱。在下方空白处画出故障区域图。

（2）查找故障点：用电压法和电阻法检测，写出测量流程。

5. 分析、排除实训线路故障，并做好记录

图 3—3—7

故障现象	
故障分析	
测量与排除方法	

三、线路排故任务评价

表 3—3—8

项目内容	配分	扣分原因			扣分
故障现象	10 分				
故障范围	20 分				
通电试车	40 分				
故障修复	30 分				
管理规范					
定额时间					
成绩					
开始时间		结束时间		实际时间	

*项目四

X62W 型万能铣床电气控制线路

任务 1　认识 X62W 型万能铣床

一、熟悉任务流程

参照教材中的任务流程图，熟悉本任务的主要工作步骤。

二、开车前的准备

1. 通过实物认识 X62W 型万能铣床的主要结构和操作控件。熟悉电器的位置、型号及结构。

2. 合上电源开关 QS 后指示灯亮，再合上机床照明开关，照明灯 EL 点亮。各操作手柄置合理位置后方可进行下面操作。

三、主轴启动的操作

启动主轴电动机，观察其运行情况，填入表 3—4—1。

表 3—4—1

序号	操作内容	观察内容	正常结果	观察结果
1	SA2-1 SA2-4，再按下 SB5	KM1	吸合	
		M1	正转	
2	SA2-2 SA2-3，再按下 SB5	KM1	吸合	
		M1	反转	

四、主轴停止的操作

在主轴电动机运转的情况下，按下 SB1 或 SB2，停止按钮。观察其运行情况，填入表 3—4—2。

表 3—4—2

操作内容	观察内容	正常结果	观察结果
按下 SB1 或 SB2	KM1	断开	
	M1	失电停转	
	YC3	得电	

五、主轴变速冲动控制

在主轴电动机运转的情况下，观察其运行情况，填入表3—4—3。

表3—4—3

操作内容	观察内容	正常结果	观察结果
推动主轴冲动手柄	KM1	瞬时吸合	

六、进给电动机M3的控制操作

当主轴电动机M1在运行时，操作手柄进行进给控制。按下SB3或SB4进行快速运动，转动SA5进行圆台操作（圆台工作手柄应都在中间位置），并观察结果，填下表3—4—4。

表3—4—4

序号	操作内容	观察内容	正常结果	观察结果
1	手柄向右	KM3	吸合	
		M3	正转	
		工作台	向右	
2	手柄向左	KM4	吸合	
		M3	反转	
		工作台	向右	
3	手柄向上	KM4	吸合	
		M3	反转	
		工作台	向上	
4	手柄向下	KM3	吸合	
		M3	正转	
		工作台	向下	
5	按住SB3或SB4	KA1	吸合	
		KM3或KM4	吸合	
		YC2	得电	
		YC1	失电	
		工作台	快速移动	
6	SA5转至“通”	KM3	吸合	
		M3	正转	
		KM3	工作台	
7	变速手柄	KM3	瞬时吸合	

七、冷却泵电动机M2的控制操作

在主轴电动机M1启动后，转动SA3，观察冷却泵和电器元件，并观察结果，填入表3—4—5。

表 3—4—5

序号	操作内容	观察内容	正常结果	观察结果
1	合上 SA3	KM2	吸合	
		M2	运转	
2	断开 SA3	KM2	释放	
		M2	停止	

八、关机操作

如果机床停止使用，为了确保人身和设备安全，一定要关断电源开关 QF。

九、操作要点

1. 必须在熟悉车床结构和操纵系统的前提下，才能动手操作训练。
2. 操作时必须有教师在场监护指导。
3. 按步骤正确操作 X62W 型卧式车床，确保设配安全。
4. 注意观察 X62W 型卧式车床电器元件的安装位置和走线情况。

任务 2　X62W 型万能铣床主电路常见电气故障检修

一、熟悉任务流程

参照教材中的任务流程图，熟悉本任务的主要工作步骤。

二、故障分析与排除

1. 故障检修举例一

故障现象：合上铣床电源总开关 SA1，按下 SB5 时，KM1 吸合，主轴电动机 M1 转速极低甚至不转，并发出“嗡嗡”声。

（1）判断故障范围：出现这一现象时应立即切断电源以避免烧毁电动机，然后进行故障分析。KM1 吸合说明控制回路部分正常，故障出在主电路部分。

（2）查找故障点：检查主轴换向转换开关 SA2 是否已选择好旋转方向。当主轴换向转换开关 SA2 已选择好旋转方向后，上述故障现象仍未排除，用电压测量法和电阻测量法相结合行进检查。其检修方法与模块一项目二任务 2 中讲述的检修方法基本相同。

（4）排除故障：根据故障点情况，断开铣床电源总开关 SA1，更换损坏的元件或导线。

（5）通电试车：排除故障后，重新开机操作检查，直至符合技术要求。

2. 故障检修举例二

故障现象：合上电源开关 SA1，主轴电动机 M1 正常启动运转后，将纵向操作柄板至“右”位，KM3 线圈得电，进给电动机 M3 正转带动工作台向右进给，再将纵向操作手柄扳至“左”位，KM4 得电，但进给电动机 M3 不转。

（1）分析故障范围：M3 能正转，不能反转，所以故障为 KM4 接触器主触头及其导线，如图 3—4—1 所示。

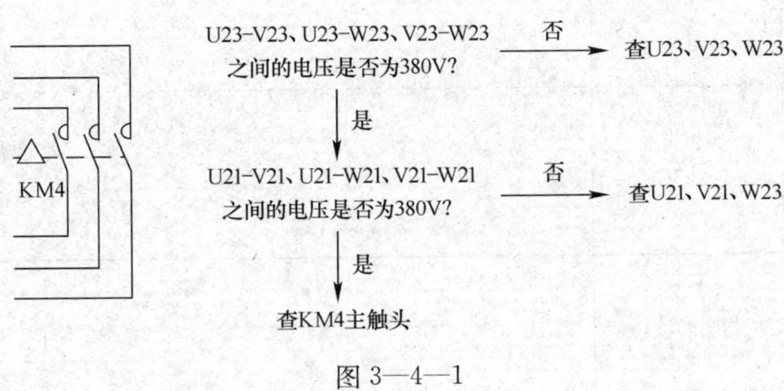

图 3—4—1

（2）查找故障点：用电压法查找故障点的方法将万用表转换开关拨到 500 V 挡，合上铣床电源总开关 SA1，按下 SB5 时，启动主轴电动机将纵向操作手柄扳至“右”位，KM3 线圈得电。

（3）排除故障：根据故障点情况，断开铣床电源总开 SA1，更换损坏的元件或导线。

（4）通电试车：排除故障后，重新开机操作检查，直至符合技术要求。

3. 分析、排除实训线路故障，并做好记录

表 3—4—6

故障现象	
故障分析	
测量与排除方法	

三、线路排故任务评价

表 3—2—7

项目内容	配分	扣分原因			扣分
故障现象	10 分				
故障范围	20 分				
通电试车	40 分				
故障修复	30 分				
管理规范					
定额时间					
成绩					
开始时间		结束时间		实际时间	

任务 3　X62W 型万能铣床控制电路常见电气故障检修

一、熟悉任务流程

参照教材中的任务流程图，熟悉本任务的主要工作步骤。

二、故障分析与排除

1. 故障检修举例一

故障现象：合上铣床电源开关 SA1，按下主轴电动机启动按钮 SB5，接触器 KM 不吸合（此时铣床照明灯已亮）。

（1）判断故障范围：根据故障现象可以判断故障范围在图 3—4—2 所示位置。

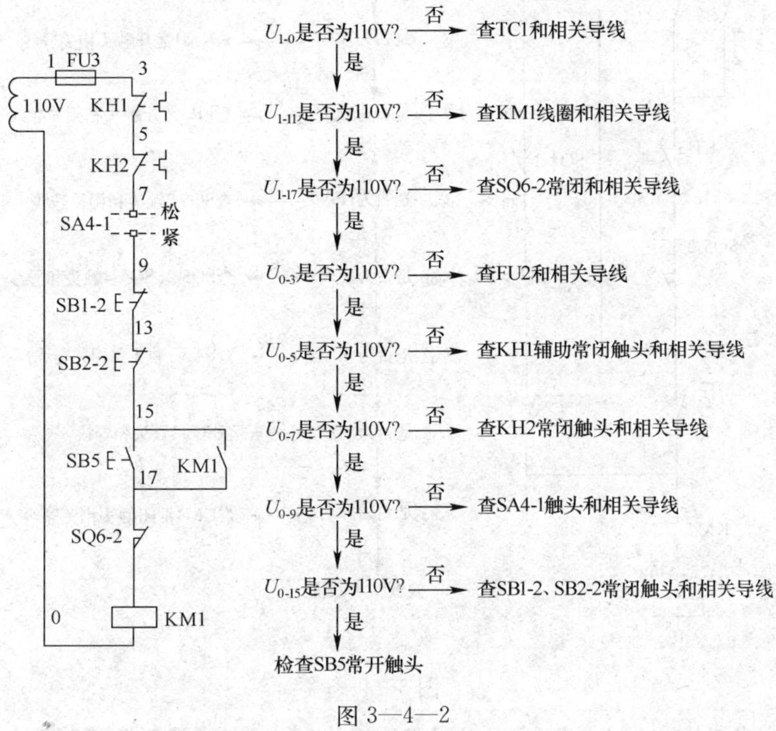

图 3—4—2

（2）查找故障点：首先将万用表转换开关拨至交流电压 250 V 挡，合上铣床电源总开关 SA1。

（3）排除故障：根据故障点情况，断开铣床电源总开关 SA1，修复或更换损坏的元件或导线。

（4）通电试车：排除故障后，重新开机操作检查，直至符合要求。

2. 故障检修举例二

故障现象：合上铣床电源总开关 SA1，铣床主轴电动机 M1 启动后，操作工作台，纵向操作手柄和操纵手柄，工作台不能进给运动。

（1）判断故障范围：根据故障现象判断故障范围如图 3—4—3 所示。

（2）查找故障点：先合上铣床电源开关 SA4，主轴电动机 M1 启动，使 KM1 常闭触头（15—23）闭合，然后将纵向手柄至“向右”位置，工作台转换开关 SA5 至“断”位置，将万用表挡位置于 250 V 挡。

（3）排除故障：根据故障点情况，断开铣床电源总开关 SA1 修复或更换损坏的元件或导线。

（4）通电试车：排除故障后，重新开机操作检查，直至符合要求。

3. 故障检修举例三

（1）故障现象：工作台能向右转，但不能向左。

（2）判断故障范围：根据故障现象，判断故障范围，如图 3—4—4 所示。

（3）查找故障点：先合上铣床电源开关 SA4，主轴电动机 M1 启动，使 KM1 常闭触头（15—23）闭合，然后将纵向手柄扳至“向右”位置，工作台转换开关 SA5 至“断”位置，

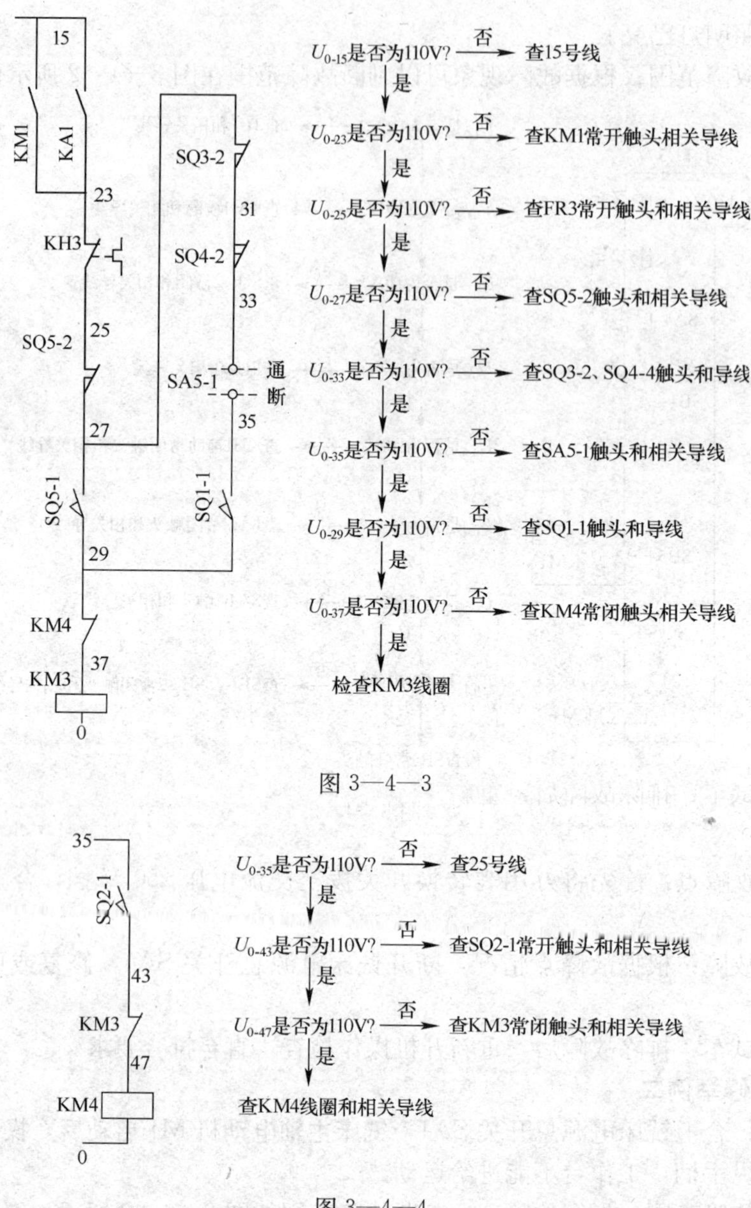

图 3—4—3

图 3—4—4

将万用表挡位置于 250 V 挡。

（4）排除故障：根据故障点情况，断开铣床电源总开关 SA1，修复或更换损坏的元件或导线。

（5）通电试车：排除故障后，重新开机操作检查，直至符合要求。

4. 故障检修举例四

（1）故障现象：工作台能向左右移动，但不能向下。

（2）判断故障范围：根据故障现象判断故障范围，如图 3—4—5 所示。

（3）查找故障点：先合上铣床电源开关 SA4，主轴电动机 M1 启动，使 KM1 常闭触头（15—23）闭合，然后将纵向手柄扳至“向下”位置，工作台转换开关 SA5 至“断”位置，

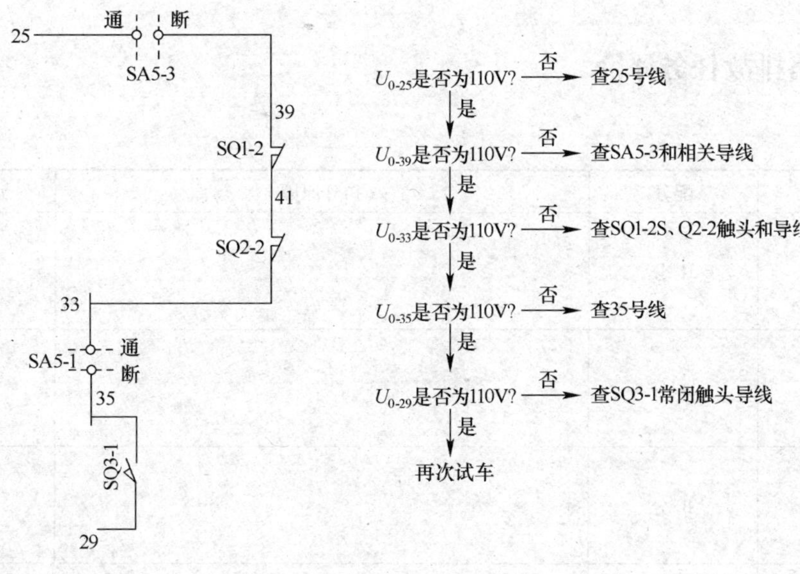

图 3—4—5

将万用表挡位置于 250 V 挡。

（4）排除故障：根据故障点情况，断开铣床电源总开关 SA1，修复或更换损坏的元件或导线。

（5）通电试车：排除故障后，重新开机操作检查，直至符合要求。

5. 完成下面的故障分析

（1）故障现象：工作台能向左，向右，向下，不能向上。

（2）分析故障范围并在下面画出。

（3）写出查找故障点过程。

6. 分析、排除实训线路故障，并做好记录

表 3—4—8

故障现象	
故障分析	
测量与排除方法	

三、线路排故任务评价

表 3—4—9

<table>
<tr><td>项目内容</td><td>配分</td><td colspan="3">扣分原因</td><td>扣分</td></tr>
<tr><td>故障现象</td><td>10 分</td><td colspan="3"></td><td></td></tr>
<tr><td>故障范围</td><td>20 分</td><td colspan="3"></td><td></td></tr>
<tr><td>通电试车</td><td>40 分</td><td colspan="3"></td><td></td></tr>
<tr><td>故障修复</td><td>30 分</td><td colspan="3"></td><td></td></tr>
<tr><td>管理规范</td><td colspan="4"></td><td></td></tr>
<tr><td>定额时间</td><td colspan="4"></td><td></td></tr>
<tr><td>成绩</td><td colspan="5"></td></tr>
<tr><td>开始时间</td><td></td><td>结束时间</td><td></td><td>实际时间</td><td></td></tr>
</table>

*项目五

T68 型卧式镗床电气控制线路

任务 1　认识 T68 型卧式镗床

一、熟悉任务流程

参照教材中的任务流程图，熟悉本任务的主要工作步骤。

二、开车前的准备

1. 先检查各锁紧装置，并置于“松开”的位置。

2. 选择好所需要的主轴转速。拉出手柄转动 180°，旋转手柄，选定转速后，推回手柄至原位即可。

3. 选择好进给所需要的进给转速。拉出进给手柄转动 180°，旋转手柄，选定转速后，推回手柄至原位即可。

4. 合上电源开关，电源指示灯亮，再把照明开关合上，局部工作照明灯亮。

三、主轴电动机正反转电动操作

表 3—5—1

序号	操作内容	观察内容	正常结果	观察结果
1	按下 SB4	KM1	吸合	
		KM4	吸合	
		M1	正转	
	松开 SB4	KM1	释放	
		KM4	释放	
		M1	停止	
2	按下 SB5	KM2	吸合	
		KM4	吸合	
		M1	反转	
	松开 SB5	KM2	释放	
		KM4	释放	
		M1	停止	

四、主轴正转连续启动及反接制动

表 3—5—2

序号	操作内容	观察内容	正常结果	观察结果
1	按下 SB2	KA1	吸合	
		KM3	吸合	
		KM1	吸合	
		KM4	吸合	
		M1	低速正转	
2	按下 SB1	KA1、KM3、KM1	先释放	
		KM3	后吸合	
		工作台	反接制动	

五、主轴电动机反转连续启动及反接制动

表 3—5—3

序号	操作内容	观察内容	正常结果	观察结果
1	按下 SB3	KA2	吸合	
		KM3	吸合	
		KM2	吸合	
		KM4	吸合	
		M1	低速反转	
2	按下 SB1	KA2、KM3、KM2	先释放	
		KM1	后吸合	
		M1	反接制动	

六、主轴电动机正反转高速运行

高速控制时，将变速机构转至“高速”位置，压下位置开关 SQ7，其常开触头 SQ7（11—12）闭合。

表 3—5—4

序号	操作内容	观察内容	正常结果	观察结果
1	按下 SB2	KA1	吸合	
		KM3	吸合	
		KM1	吸合	
		KM4	吸合	
		M1	低速	
		KT	开始延时	
	KT 延时结束	KM4	释放	
		KM5	吸合	
		M1	正转高速	

续表

序号	操作内容	观察内容	正常结果	观察结果
2	按下 SB3	KA2	吸合	
		KM3	吸合	
		KM2	吸合	
		KM4	吸合	
		M1	低速反转	
		KT	开始延时	
	KT 延时结束	KM4	释放	
		KM5	吸合	
		M1	高速反转	

七、主轴电动机 M1 变速冲动控制

设主轴在正转低速运行状态，此时速度继电器 KS 的常开触头处于闭合状态。

表 3—5—5

操作内容	观察内容	正常结果	观察结果
拉出变速手柄	KM3	释放	
	KM1	释放	
	KM4	释放	
	KM2、KM4	先串电阻	
	M1	慢速运行	
	KM2、KM4	后释放	
	M	停车	

如 SQ3 推不进，应推动 SQ5 则此时 KM1、KM4 瞬时吸合。

八、快速进给电动机 M2 的控制

T68 镗床各部件的快速移动，是由快速移动选择手柄控制，快速移动电动机 M2 拖动运动部件的运动方向是由快速移动操作手柄操纵。快速操作手柄有“正向”“反向”“停止”三个位置。

表 3—5—6

序号	操作内容	观察内容	正常结果	观察结果
1	快速手柄“正向”	KM6	吸合	
		M2	正向转动	
2	快速手柄“停止”	KM6	释放	
		M2	停转	
3	快速手柄“反向”	KM7	吸合	
		M2	反向运转	

九、开机操作

如果机床停止使用，为了确保人身和设备安全，一定要关断电源开关 QF。

十、工作要点

1. 必须在熟悉车床结构和操纵系统的前提下，才能动手操作训练。
2. 操作时必须有教师在场监护指导。
3. 按步骤正确操作 T68 型卧式镗床，确保设配安全。
4. 注意观察 T68 型卧式镗床电器元件的安装位置和走线情况。

任务 2　T68 型卧式镗床主电路电气故障检修

一、熟悉任务流程

参照教材中的任务流程图，熟悉本任务的主要工作步骤。

二、故障分析与排除

1. 故障检修举例一

故障现象：合上电源开关 QS，按下低速正向启动按钮 SB2 时，电动机 M1 正向启动运转。然后按下停止按钮 SB1，M1 立即停转。再按下低速反向启动按钮 SB3 时，KA2、KM3、KM2 和 KM1 也依次得电，但电动机 M 不能反向转动。

(1) 分析故障原因：分析主电路工作原理可知，造成这一故障现象的原因之一 KM2 主触头使其连接导线，如图 3—5—1 所示。

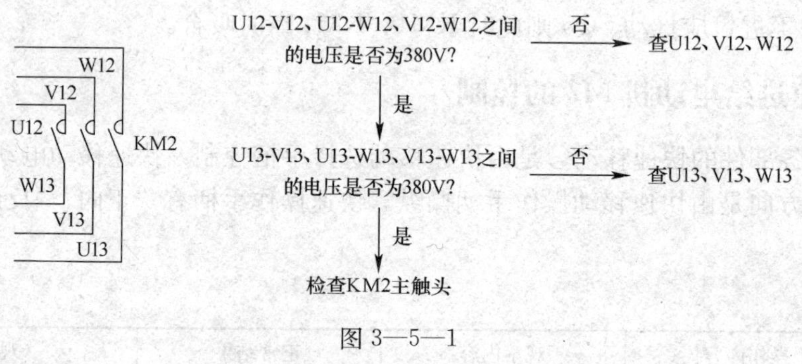

图 3—5—1

(2) 查找故障点：采用电压测量法查找。合上电源开关 QS，按下低速正向启动按钮 SB2，使 M1 正向启动远转，万用表转换开关置于 380 V 挡。

(3) 排除故障：根据故障点情况，断开铣床电源总开 SA1，更换损坏的元件或导线。

(4) 通电试车：排除故障后，重新开机操作检查，直至符合技术要求。

2. 故障检修举例二

故障现象：将转速控制手柄拨至“高速”位置，按下启动按钮 SB2 或 SB3，M1 能低速启动。KT 延时一段时间后，KM5 吸合，但 M1 停止转动。不能实现高速运行。

（1）分析故障范围：分析主电路工作原理可知。造成这一故障的原因为 KM5 主触头及连接导线，如图 3—5—2 所示。

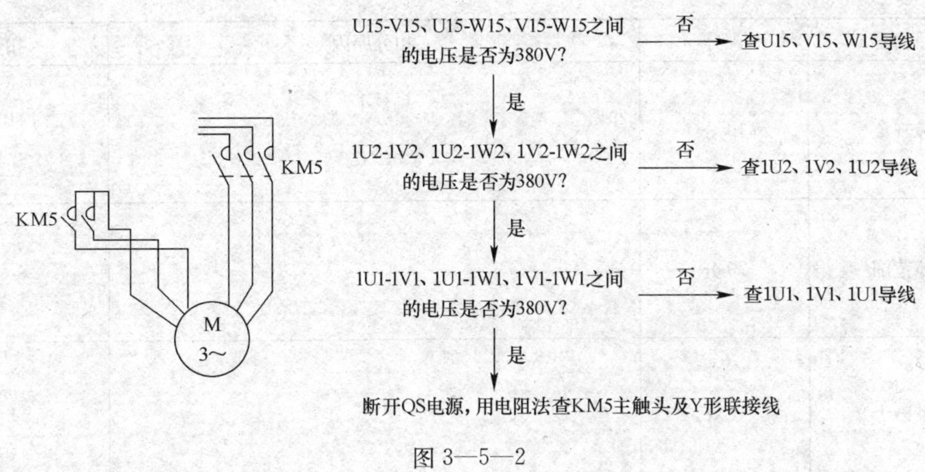

图 3—5—2

（2）查找故障点：采用电压法和电阻法相组合的方法测量。

转速控制手柄扳到“低速”位置，按下启动按钮 SB2 或 SB3，M1 低速启动。万用表转换开关置于 380 V 挡。

（3）排除故障：根据故障点情况，断开铣床电源总开 SA1，更换损坏的元件或导线。

（4）通电试车：排除故障后，重新开机操作检查，直至符合技术要求。

3. 分析、排除实训线路故障，并做好记录

表 3—5—7

故障现象	
故障分析	
测量与排除方法	

三、线路排故任务评价

表 3—5—8

项目内容	配分	扣分原因			扣分
故障现象	10 分				
故障范围	20 分				
通电试车	40 分				
故障修复	30 分				
管理规范					
定额时间					
成绩					
开始时间		结束时间		定额时间	

任务 3　T68 型镗床控制电路电气故障检修

一、熟悉任务流程

参照教材中的任务流程图，熟悉本任务的主要工作步骤。

二、故障分析与排除

1. 故障检修举例一

故障现象：合上电源开关 QS，按下正转低速，启动按钮 SB2，KA1 吸合，KM3 吸合；KM1、KM4 不吸合。主触头电动机 M1 不能启动。

（1）判断故障范围：按下 SB2 后，KA1、KM3 吸合。接触器 KM1，KM4 不吸合。根据线路分析，故障应在 KM1 和 KM4 线路支路中，如图 3—5—3 所示。

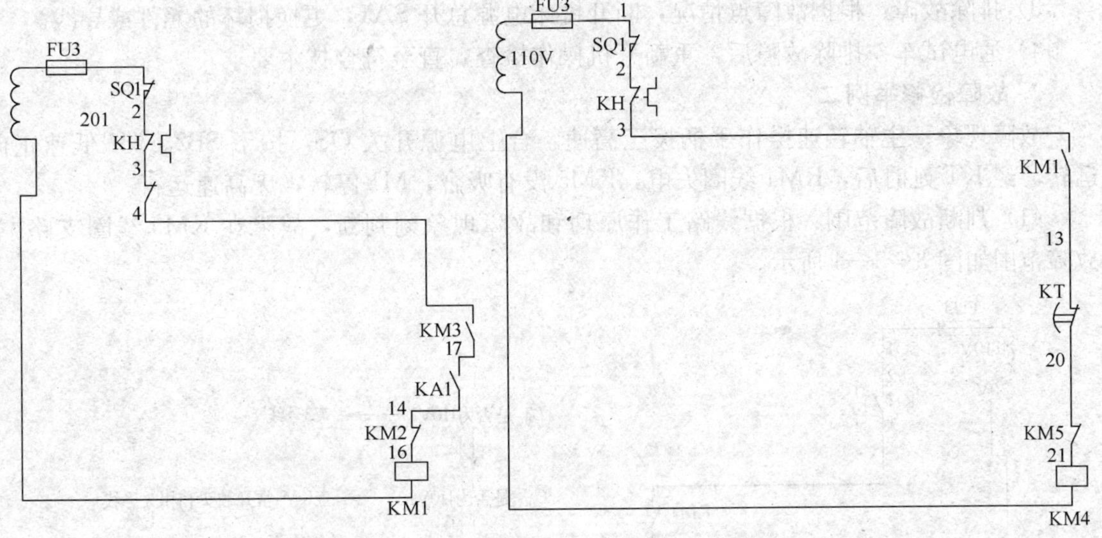

图 3—5—3

（3）查找故障点：采用电压测量法检查，将万用表转换开关置于交流 250 挡，先查 KM1 线圈支路。

1）合上电源开关 QS，按下 SB2，使 KA1、KM3 线圈吸合。

U_{0-4}是否为110V? —否→ 查4号线
↓是
U_{0-17}是否为110V? —否→ 查KM3常开触头和相关导线
↓是
U_{0-14}是否为110V? —否→ 查KA1常开触头和相关导线
↓是
U_{0-16}是否为110V? —否→ 查KM2常闭触头和相关导线
↓是
查KM1线圈

2）KM1 线圈故障修复后，按下 SB2。如 KA1、KM3、KM1 吸合 KM4，则说明故障在 KM4 线圈周围支路中。

U_{0-3}是否为110V? —否→ 查3号线
↓是
U_{0-13}是否为110V? —否→ 查KM1常开触头和相关导线
↓是
U_{0-20}是否为110V? —否→ 查KT延时常闭触头和相关导线
↓是
U_{0-21}是否为110V? —否→ 查KM5常闭触头和相关导线
↓是
检查KM4线圈和相关导线

3）排除故障：根据故障点情况，断开铣床电源总开 SA1，更换损坏的元件或导线。

4）通电试车：排除故障后，重新开机操作检查，直至符合技术要求。

2. 故障检修举例二

故障现象：主轴转速操作手柄拨至高速，合上电源开关 QS，按下 SB2。M1 低速正向运转。经 KT 延时后，KM4 线圈失电，KM5 没有吸合，M1 停转，无高速运行。

（1）判断故障范围：根据线路工作原理和故障现象刻判断，故障在 KM5 线圈支路中，故障范围如图 3—5—4 所示。

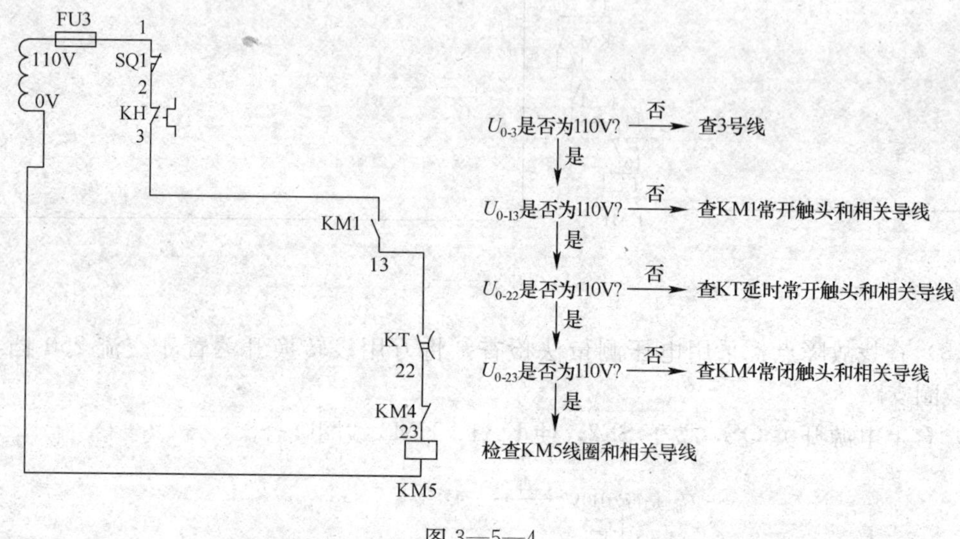

图 3—5—4

（2）查找故障点，采用电压法测量，将万用表转换开关置于交流 250 V 挡。合上电源开关 QS。将转速操作手柄扳至“高速”，按下 SB2，M1 低速运行，延时时间到，KM4 释放。

（3）排除故障：根据故障点情况，断开铣床电源总开关 SA1，更换损坏的元件或导线。

（4）通电试车：排除故障后，重新开机操作检查，直至符合技术要求。

3. 完成下列故障分析

故障现象：主轴电动机 M 正向运转时，停车能制动。主轴电动机 M 反向运转时，停车不能制动。

（1）根据线路工作原理和故障现象，判断故障范围，并在空白处画出。

（2）用电压测量法查找故障点，写出测量步骤。

4. 分析、排除实训线路故障，并做好记录

表 3—5—9

故障现象	
故障分析	
测量与排除方法	

三、线路排故任务评价

表 3—5—10

项目内容	配分	扣分原因			扣分
故障现象	10 分				
故障范围	20 分				
通电试车	40 分				
故障修复	30 分				
管理规范					
定额时间					
成绩					
开始时间		结束时间		定额时间	

项目六

机床电气的保养、大修周期、内容、质量要求及机床电气检修经验

设备一般是根据机床的复杂系数来定的，车床、铣床、摇臂钻、剪板机、折弯机等机械复杂系数大于等于 5，需要做一二级保养。台钻、电焊机只做一级保养，一保（定期保养）一般是每月一次，二保（预防维护）是每年一次。一般机床运行 600 小时进行一级保养，以操作工人为主，维修工人配合进行。

一、一级保养范例：高精度万能外圆磨床一级保养

首先切断电源，然后进行保养工作，见表 3—6—1。

表 3—6—1

序号	保养部位	保养内容及要求
一	外保养	机床外表及各罩壳保持内外清洁，无锈蚀，无黄袍 补齐紧固手柄、手球、螺钉、螺母等机件，保持机床整齐 清洗机床附件，清洁、整齐、防锈
二	磨头砂轮座 内圆磨具	清洗砂轮架，清除砂泥 调整砂轮座和内圆磨头皮带松紧
三	床头箱 尾架	调整皮带松紧 清洗尾座及套筒
四	工作台	清除、修光工作台面毛刺 检查撞块，压紧时应牢固无松动，手柄摇重适中
五	横进刀机构	检查手动进给应准确可靠，刻度盘空程量小于 1/ 4 转
六	液压 润滑	清洗滤油器、油孔、油毡，应油路畅通，油杯齐全，油标明亮 检查油管接头，要求牢固无泄漏 检查、调整液压润滑系统压力表，保持正常运行 油质、油量符合要求
七	冷却	清洗冷却泵，冷却液箱、冷却管路，做到整齐、畅通、牢固、无泄漏 更换冷却液
八	电器	清扫电动机、电器箱 电器装置固定整齐、动作可靠 检查、紧固接零装置

二、大修工艺编制全过程范例——B2012A 龙梦刨床大修工艺编制

B2012A 龙门刨床目前状态：控制线路混乱，接触器、继电器触头电弧烧损严重，导线绝缘老化，编号脱离不清，发电机、直流电动机、扩大机整流子磨损，电刷磨损，碳尘严重，部分电器元件型号淘汰。

1. 设备修理项目

（1）写机床前情况记录表，该表经动力科现场复查，动力部门填写补充情况后，即可作为大修申请表。

表 3—6—2

设备编号		设备名称	龙门刨床	型号	B2012A
制造单位		复杂系数			

主要状态：
1. 上次大修至今已经 6 年，超过大修周期
2. 自 1986 年购买，至今使用已经 24 年，电控装置陈旧、落后
3. 控制线路混乱，线路编号含糊、脱落，老线老化
4. 电刷碳灰严重，故障频发
5. 机械加工精度差
6. 机床外壳油漆变色、脱落

需改装或补充附件
1. 建议机械与电气装置结合大修
2. 电控装置、电器元件型号陈旧，技术落后，要求全面更新

申请部门：

生产组长：　　机械员：　　主管：　　年　月　日

动力科补充病态：
1. 电气控制系统采用老式转控机控制，工作台正反向过渡过程缓慢，性能差，损耗大，效率低
2. 机床管线老化
3. 直流电动机、发电机、放大机电刷磨损严重

鉴定结论：
电气设备更新大修，部分电气设备需进行改革。机械进行大修，修复精度，更换磨损件并配合电气改革

技术组	动力组	动力组	动力组	修理工段	科长

（2）根据机床状态，填写大修项目分析表。

表 3—6—3

设备编号			设备名称	龙门刨床	型号	B2012A
制造单位			复杂系数			
序号	项目	大修前情况	大修方案 1	大修方案 2	估计费用	工时定额
1	配电箱	电器陈旧、电线老化	更新	更新		
2	配电管线	电线老化	更新	更新		
3	拖动方式	J—F—D	大修	该 SCR—D		
4	电磁离合器	非标准件	换标准件	换标准件		
5	电器元件	电流继电器损坏 行程开关控制不利	改换新型号 换接近开关	改换新型号 换接近开关		
6	发电机组	运转不正常	大修	大修		
7	直流电动机	运转不正常	大修	大修		
8	导线接头	腐蚀严重	换冷压接头	换冷压接头		
9	横梁运行	制动不良	大修	大修		
10	床身导轨	精度差	精刨导轨	精刨导轨、静压导轨		
11	机械调试		全过程	全过程		
12	电气调试		全过程	全过程	合计费用	

（3）制订大修方案

表 3—6—4

设备编号		设备名称	龙门刨床	型号	B2021A
制造单位		复杂系数			
型号	项目	大修方案	估计费用	定额工时	备注
1	配电箱	更新			
2	配电管线	更新			
3	拖动方式	改 SCR—D			
4	电磁离合器	电流继电器改换新型号			
5	电器元件	行程开关改换接近开关			
6	发电机组	大修			
7	直流电动机	大修			
8	导线接头	换冷压接头			
9	横梁运行	大修			
10	床身导轨	精刨导轨、静压导轨			
			费用合计	定额工时合计	

批准人：

2. 技术、计划准备

绘制图样、编写修理缺损明细表。

表 3—6—5

类别	序号	图号备注	电气名称	数量	制造方法				备注
					修理	新制	外购	库存	
			配电箱				√		
			电磁离合器					√	
			接近开关				√		
			电流继电器			√			
			交流接触器					√	
			继电器				√		
			按钮					√	
			冷压接头				√		

主修技术人员：　　　　　　　　　　　　备件技术员：

3. 修理施工安排

根据各项修理内容和本企业的修理工时定额，即可确定各分块工作的劳动工时定额，如控制屏 F2＝20，电动机 F1＝40，管线 F3＝5，以便配备劳动力。

4. 调试试车和完工验收

调试试车，完工验收后填写验收单，最后填写修后小结。

表 3—6—6

设备编号		设备名称	龙门刨床	型号	B2021A
制造单位		复杂系数			

电气图纸号：		图册编号：
序号	检查项目	检查员意见
1	图样与实物是否相符	
2	工作平台调速性能	
3	工作台正反转过渡性能	
4	行程控制性能	
其他更换记录		
结论		
车间验收：	负责技术员：	检验员：
		年　月　日

设备修后小结（电）

B2021A 龙门刨床，随机车大修于×× 年×月电气部分全面恢复，并经过调试、性能测试和两个月的使用，运行情况良好。

修理内容：

修理内容及要求 1～10 项，全面经行整修，全部达到修理要求。

性能测试情况：

1. 工作台调速 0～90 m/min（0～220 V）正反向，平滑稳定。
2. 工作台正反行程控制、制动、正反转过渡过程迅速、稳定。
3. 工作台无爬行、最高速反向制动无越位。

主修工人：　　　　主修技术员：

沿虚线剪下

自我检测

1—1—1　手动正转控制电路的安装与检修

班级＿＿＿＿＿＿　姓名＿＿＿＿＿＿　学号＿＿＿＿＿＿　成绩＿＿＿＿＿＿

一、填空题

1. 开启式负荷开关接线时应把＿＿＿＿接在静触头一边的进线座，＿＿＿＿接在动触头一边的出线座。

2. HH系列封闭式负荷开关的罩盖与操作机构设置了联锁装置，保证开关在闭合状态下罩盖＿＿＿＿，而当罩盖开启时又不能＿＿＿＿，以确保操作安全。

3. 封闭式负荷开关必须垂直安装于＿＿＿＿和＿＿＿＿的场合，安装高度一般离地不低于＿＿＿＿m，外壳必须＿＿＿＿。

4. 组合开关应根据＿＿＿＿、＿＿＿＿、＿＿＿＿、＿＿＿＿和＿＿＿＿进行选用。

5. 在电力拖动中，低压开关多数用做机床电路的＿＿＿＿和局部照明电路的＿＿＿＿，也可以来直接控制＿＿＿＿电动机的启动、停止和正反转。

6. 选用低压断路器时，额定电压和额定电流应＿＿＿＿线路、设备的正常工作电压和工作电流。热脱扣器的整定电流应＿＿＿＿所控负载的额定电流。

7. 型号 RL1－15/2 中，R 表示＿＿＿＿，L 表示＿＿＿＿，设计代号为＿＿＿＿，熔断器额定电流是＿＿＿＿，熔体额定电流是＿＿＿＿。

8. 选用熔断器时，必须使熔断器的额定电压＿＿＿＿或＿＿＿＿线路的额定电压；熔断器的额定电流＿＿＿＿或＿＿＿＿所装熔体的额定电流；熔断器的分断能力＿＿＿＿电路中可能出现的最大短路电流。

9. 瓷插式熔断器应＿＿＿＿安装。螺旋式熔断器接线时，电源线应接在＿＿＿＿接线座上，负载线应接在＿＿＿＿接线座上，以保证能安全地更换熔管。

二、填图题

将题图 1—1—1 中的低压电器结构名称补充完整。

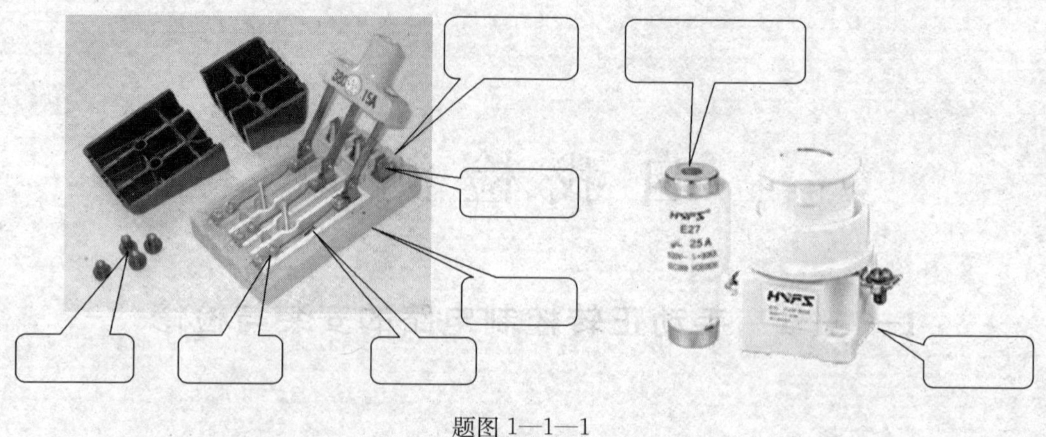

题图 1—1—1

三、问答题

1. 列举出使用电力使其运转的其他家用电器和生产机械，它们的运转是用什么电气设备来拖动的？

2. 手动正转控制线路有什么优点和缺点？能否选用某种低压自动切换电器代替低压开关来实现线路的自动控制？

3. 自动空气开关有哪些保护功能？分别由哪些部件完成？

4. 某机床电动机的型号为 Y132S－4，额定功率为 5.5 kW，电压 380 V，电流 11.6 A，此电动机不经常启动且启动时间不长。若用组合开关作电源开关，用熔断器作为短路保护，试选择所用的组合开关、熔断器及型号和规格。

沿虚线剪下

1—1—2　点动正转控制电路的安装与检修

班级＿＿＿＿＿＿　姓名＿＿＿＿＿＿　学号＿＿＿＿＿＿　成绩＿＿＿＿＿＿

一、选择题

1. 常开按钮只能（　　）。

A. 接通电路　　B. 断开电路　　C. 接通或断开电路

2. 常闭按钮只能（　　）。

A. 接通电路　　B. 断开电路　　C. 接通或断开电路

3. 交流接触器 E 形铁芯中柱端面留有 0.1～0.2 mm 的气隙是为了（　　）。

A. 减小剩磁影响　　B. 减小铁芯振动　　C. 散热

4. 接触器的主触头一般由三对常开触头组成，用以通断（　　）。

A. 电流较小的控制电路　　B. 电流较大的主电路　　C. 控制电路和主电路

5. 接触器的辅助触头一般由两对常开触头和两对常闭触头组成，用以通断（　　）。

A. 电流较小的控制电路　　B. 电流较大的主电路　　C. 控制电路和主电路

6. 对于 CJ10－10 型容量较小的交流接触器，一般采用（　　）灭弧。

A. 栅片灭弧装置

B. 纵缝灭弧装置

C. 双端口结构的电动力灭弧装置

7. 对于额定电流在 20 A 及以上的 CJ10 系列交流接触器，常采用（　　）灭弧。

A. 栅片灭弧装置

B. 纵缝灭弧装置

C. 双端口结构的电动力灭弧装置

8. 直流接触器的磁路中常垫有非磁性垫片，其作用是（　　）。

A. 减小铁芯涡流　　B. 减小吸合时的电流　　C. 减小剩磁影响

9. 接触器若使用在频繁启动、制动及正反转的场合，应将接触器主触头的额定电流降低（　　）使用。

A. 一个等级　　B. 两个等级　　C. 三个等级

10. 交流接触器一般应安装在垂直面上，倾斜度不得超过（　　）。

A. 15°　　B. 10°　　C. 5°

11. 如果交流接触器的衔铁吸合不紧，工作气隙较大将导致（　　）。

A. 铁芯涡流增大　　B. 线圈电感增大　　C. 线圈电流增大

12. 交流接触器的衔铁吸合后的线圈电流与衔铁未吸合时电流比（　　）。

A. 大于 1　　B. 小于 1　　C. 等于 1

13. 直流接触器的衔铁吸合后的线圈电流与衔铁未吸合时电流比（　　）。

A. 大于 1　　B. 小于 1　　C. 等于 1

14. 在题图 1—1—2 所示控制电路中，正常操作时会出现点动工作状态时图（　　）。

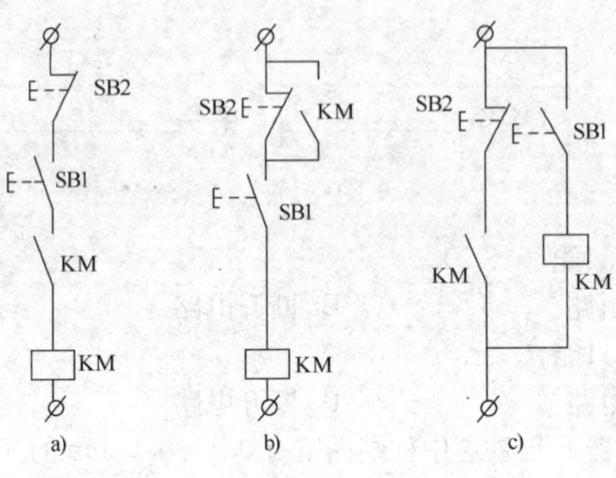

题图 1—1—2

二、填空题

1. 按钮是一种用________的某一部分所施加力而操作，并具有________复位的控制开关，是一种最常用的________。

2. 按钮的触头允许通过的电流较________，一般不超过________ A。

3. 按钮按不受外力作用（即静态）时触头的分合状态，分为________、________和复合按钮。

4. 接触器实际上是一种自动的________式开关。触头的通断不是由________来控制，而是________操作。

5. 接触器按主触头通过电流的种类，分为________和________两类。

6. 交流接触器主要由________、________和________等组成。

7. 交流接触器的电磁系统主要由________、________和________三部分组成。

8. 交流接触器的铁芯一般用 E 形________叠压而成，以减少铁芯的________和________损耗。铁心的两个端面上嵌有________，用以消除电磁系统的振动和噪声。

9. 交流接触器的触头按接触情况可分为________、________和________三种；按触头的结构形式可分为________和________两种；按通断能力可分为________和________。

10. 当接触器线圈通电时，________触头先断开，________触头随后闭合，中间有一个很短的________。当线圈断电后，________触头先恢复断开，________触头随后恢复闭合，中间也存在一个很短的________。

11. 接触器灭弧装置的作用是熄灭触头________时产生的电弧，以减轻电弧对触头的灼伤，保证可靠地分断电路。

12. 交流接触器常采用的灭弧装置有________、________和________。

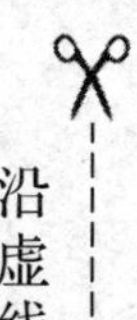

沿虚线剪下

13. 直流接触器主要由________、________和________三大部分组成。

14. 直流接触器一般采用________灭弧装置结合其他灭弧方法灭弧。

15. 交流接触器触头的常见故障有________、________和________。

16. 操作频率过高会使交流接触器的________过热，甚至烧毁。

17. 机械连锁（可逆）交流接触器实际上是由________的交流接触器再加上________连锁机构和________连锁机构所组成。

三、填图题

将题图 1—1—3 中的低压电器结构名称补充完整。

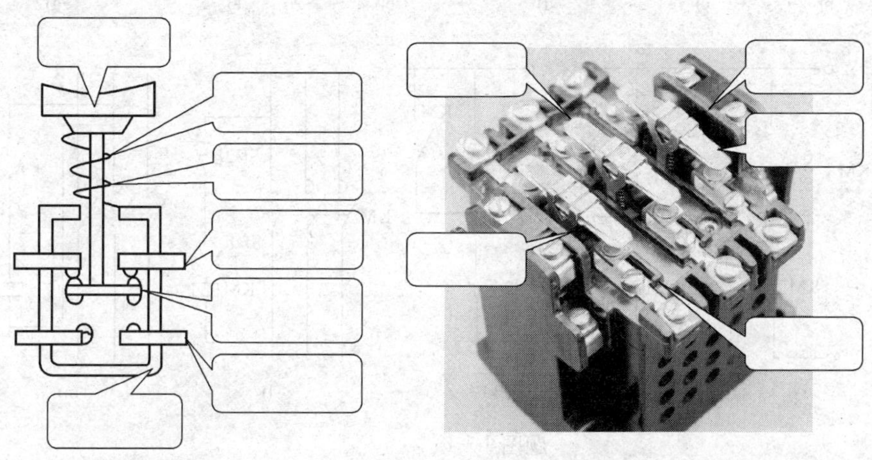

题图 1—1—3

四、问答题

1. 什么是点动控制？试分析判断题图 1—1—4 所示各控制电路能否实现点动控制。若不能，电路将会出现什么现象？

2. 如何正确选用按钮？按钮常见故障有哪些？产生这些故障的原因有哪些？怎么处理？

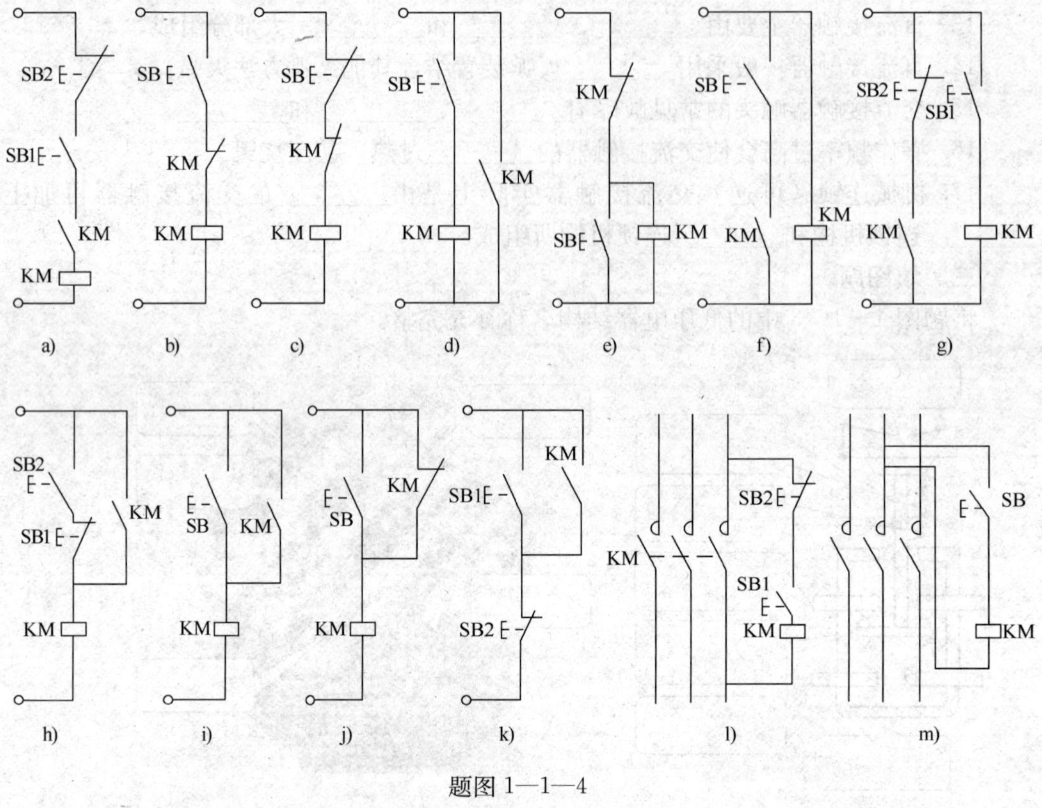

题图 1—1—4

3. 交流接触器的铁芯噪声过大的原因主要有哪些?

4. 接触器线圈过热或烧坏的可能原因有哪些?

沿虚线剪下

1—1—3 接触器自锁正转控制电路的安装与检修

班级________ 姓名________ 学号________ 成绩________

一、填空题

1. 交流接触器利用电磁系统中________的通电或断电，使静铁芯吸合或释放________，从而带动________与静触头闭合或分断，实现电路的接通或断开。

2. 常用的 CJ10 等系列交流接触器在________%～________%额定电压下，能保证可靠地分断电路。

3. 直流接触器的主触头接通和断开的电流较________，多采用滚动接触的________触头，以延长触头使用寿命。辅助触头的通断电流较__________，多采用__________触头，可有若干对。

4. 交流接触器的主触头按负荷种类一般分为一类、二类、三类和四类，分别记为________、________、________和________。三类交流接触器的典型用途是________的运转和运行中分断。

二、选择题

1. 具有过载保护的接触器自锁控制线路中，实现短路保护的电器是（　　）。
   A. 熔断器　B. 热继电器　C. 接触器　D. 电源开关

2. 具有过载保护的接触器自锁控制线路中，实现过载保护的电器是（　　）。
   A. 熔断器　B. 热继电器　C. 接触器　D. 电源开关

3. 具有过载保护的接触器自锁控制线路中，实现欠压和失压保护的电器是（　　）。
   A. 熔断器　B. 热继电器　C. 接触器

4. 接触器的自锁触头是一对（　　）。
   A. 辅助常开触头　B. 辅助常闭触头　C. 主触头

5. 在题图 1—1—5 所示电路中，启动电动机 M 时应（　　）。
   A、合上 QF
   B. 合上 QF 再按下 SB1
   C. 合上 QF 再按下 SB2

6. 交流接触器 E 形铁芯中柱端面留有 0.1～0.2 mm 的气隙是为了（　　）。
   A. 减小剩磁影响　B. 减小铁芯振动　C. 散热

7. 如果交流接触器的衔铁吸合不紧，工作气隙较大将导致（　　）。
   A. 铁芯涡流增大　B. 线圈电感增大　C. 线圈电流增大

8. 对于额定电流在 20 A 及以上的 CJ10 系列交流接触器常采用（　　）灭弧。

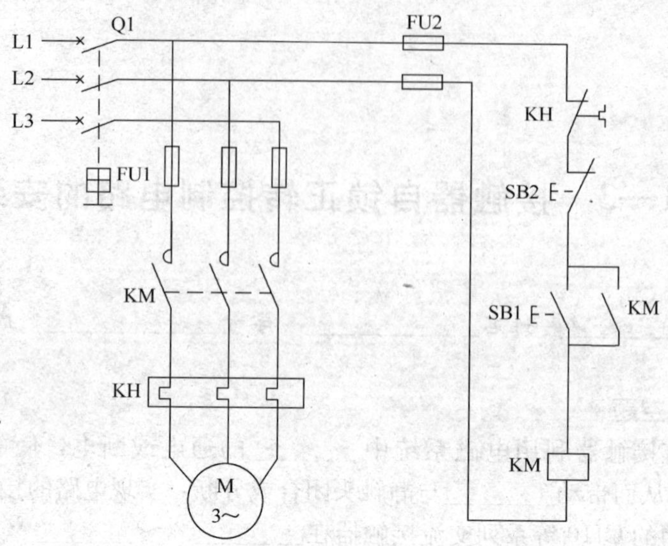

题图 1—1—5

A. 栅片灭弧装置

B. 纵缝灭弧装置

C. 双断口结构的电动力灭弧装置

9. 在题图 1—1—6 所示控制电路中，正常操作时 KM 无法得电动作是图（　　）。

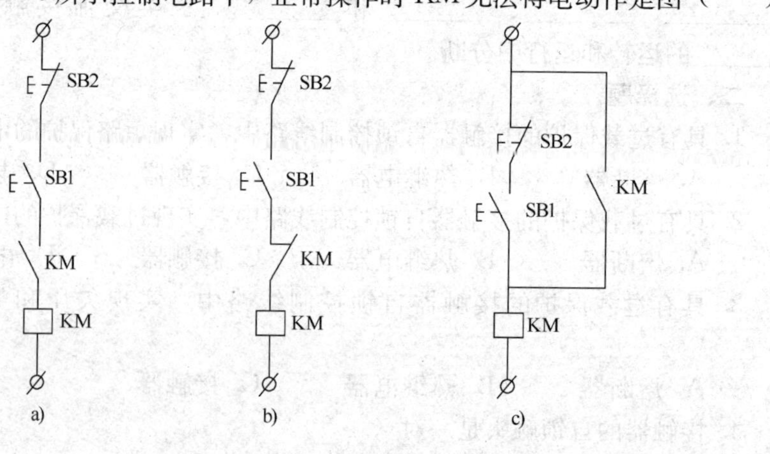

题图 1—1—6

三、判断题

1. 交流接触器中主要的发热部件是铁芯。（　　）
2. 交流接触器的线圈的线圈一般做成细而长的圆筒形，以增强铁芯的散热效果。（　　）
3. 交流接触器的线圈电压过高或过低都会造成线圈过热，甚至烧毁。（　　）
4. 直流接触器的发热以铁芯发热为主。（　　）
5. 交流接触器在线圈小于 85%U_N 时也能正常工作。（　　）

沿虚线剪下

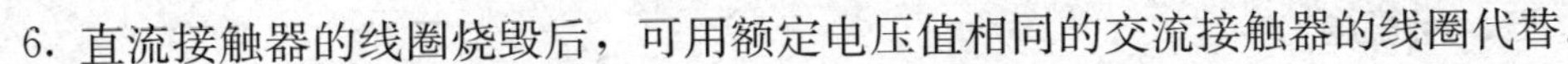

6. 直流接触器的线圈烧毁后，可用额定电压值相同的交流接触器的线圈代替。（　　）

7. 题图 1—1—7 所示为具有过载保护的接触器自锁正转控制线路，当电动机过载或短路时，KH 的常闭触头断开，使 KM 的线圈失电，KM 主触头断开，电动机 M 停转。（　　）

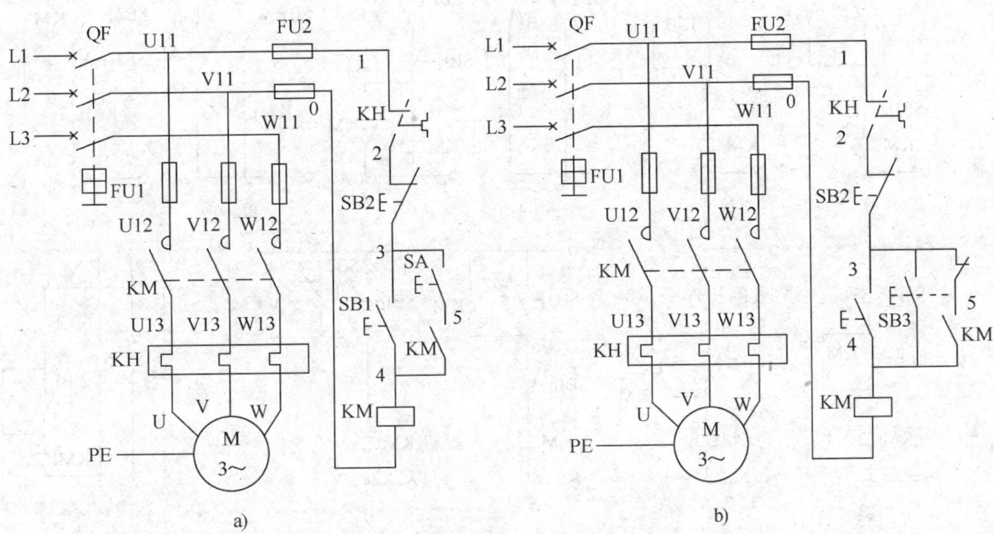

题图 1—1—7

8. 接触器自锁控制线路不但能使电动机连续运转，而且还具有欠压保护和失压（或零压）保护作用。（　　）

四、填图题

将题图 1—1—8 中的低压电器结构名称补充完整。

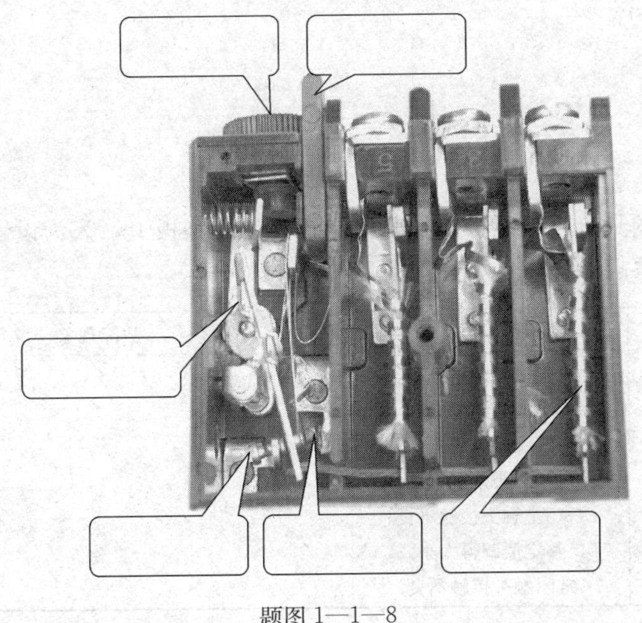

题图 1—1—8

五、问答题

1. 什么是自锁控制？试分析判断题图 1—1—9 所示控制电路中能否实现自锁控制？若不能，电路将会出现什么现象？

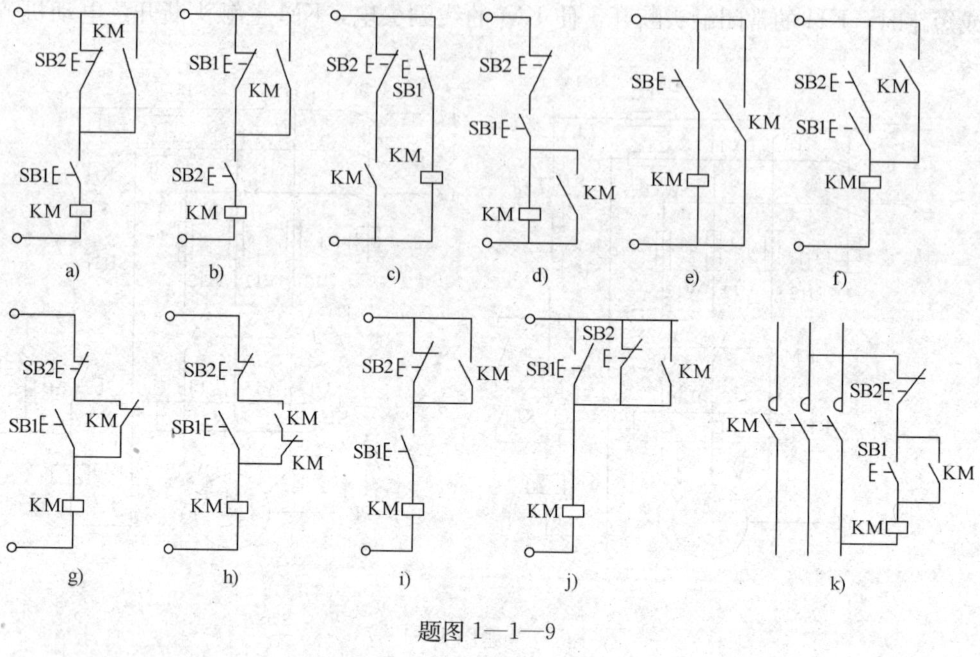

题图 1—1—9

2. 在具有过载保护接触器自锁控制线路中，熔断器、热继电器和接触器是如何起到各种保护作用的？

五、填表题

在已安装合格的具有过载保护的接触器自锁控制线路板上，人为设置电气自然故障，通电运行并观察故障显现，将故障现象记入下表中。

故障设置元件	故障点	故障现象
SB1	触头接触不良	
SB2	触头不能分断	
KM	线圈接头脱落	
KM	自锁触头接触不良	
KM	一相主触头接触不良	
KH	整定值调得太小	
KH	常闭触头接触不良	

沿虚线剪下

1—1—4 连续与点动混合正转控制电路的安装与检修

班级＿＿＿＿＿＿ 姓名＿＿＿＿＿＿ 学号＿＿＿＿＿＿ 成绩＿＿＿＿＿＿

一、判断题

1. 题图 1—1—10a 中，SA 打开时，按下 SB1，KM 线圈得电，KM 自锁触头断开，电动机 M 实现点动控制。（ ）

2. 题图 1—1—10b 中，按下 SB1，电动机 M 可以获得点动控制；按下 SB3，电动机 M 可以获得连续控制。（ ）

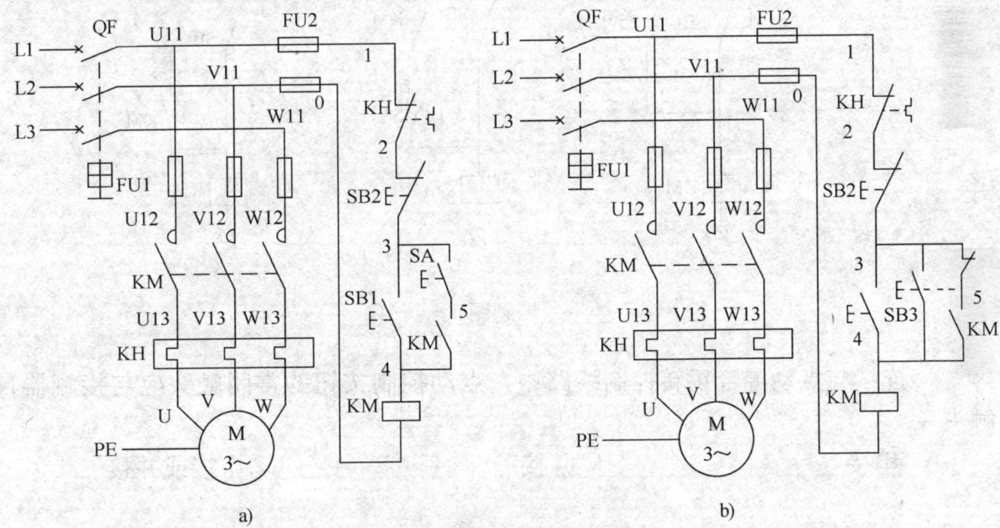

题图 1—1—10

3. 按下复合按钮时，其常开触头和常闭触头同时动作。（ ）

4. 对照教材中线路原理图，补充工作原理

连续控制：

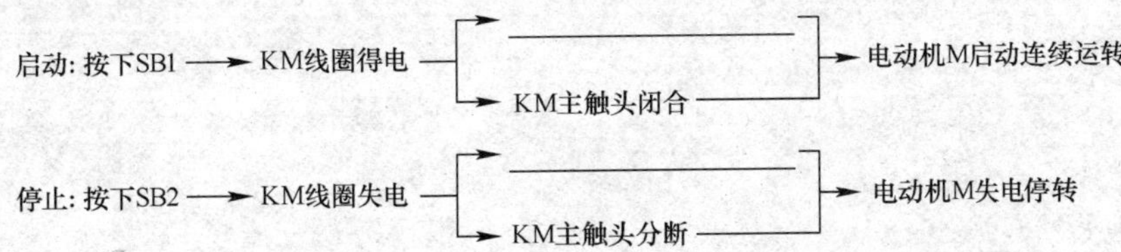

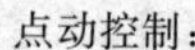

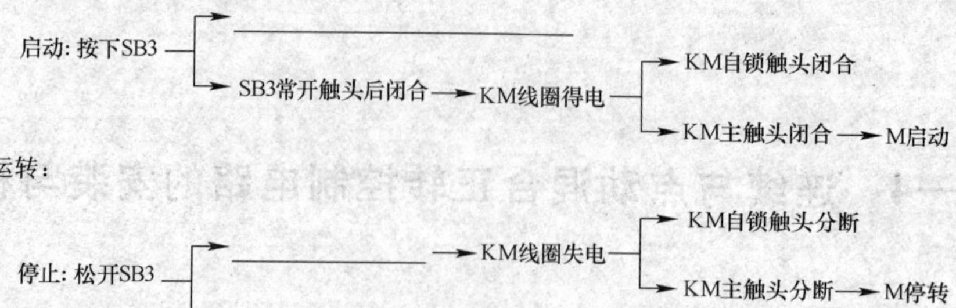

二、选择题

1. 在题图 1—1—11 所示控制电路中，能实现点动和连续工作的图是（　　）。

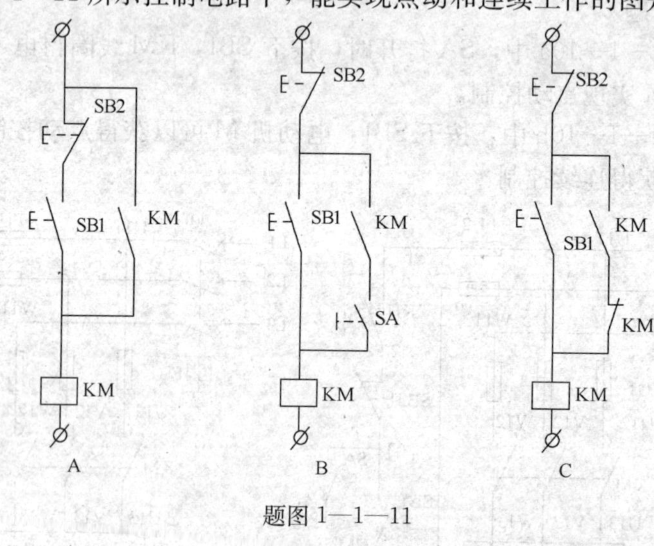

题图 1—1—11

2. 连续与点动混合正转控制线路中，点动控制按钮的常闭触头应与接触器自锁触头（　　）。

A. 串接　　　　B. 并接　　　　C. 串接或并接

沿虚线剪下

1—2—1 倒顺开关控制正反转控制电路的安装与检修

班级________ 姓名________ 学号________ 成绩________

一、填空题

1. 倒顺开关一般用于控制额定电流________、功率在________及以下的小容量电动机。

2. 倒顺开关接线时，应将开关两侧的进出线中的________相互换，并保证标记为________接电源，标记为________接电动机。

3. 题图 1—2—1 所示为倒顺开关正反转控制线路。当倒顺开关 QS 处于“停”位置时，QS 的动、静触头________，电动机不转；当手柄扳至“顺”位置时，QS 的动触头和左边的静触头相接触，输入电动机定子绕组的电源电压相序为________，电动机________；当手柄扳至“倒”位置时，QS 的动触头和右边的静触头相接触，输入电动机定子绕组的电源电压相序变为________，电动机________。

L1
L2
L3
FU
U11 V11 W11
1
QS
2
U V W
M
3~
PE

题图 1—2—1

4. 倒顺开关正反转控制线路所用电器较________，线路比较________，但在频繁换向时，操作人员________大，操作________差，所以这种线路一般用于控制额定电流________ A、功率在________ kW 及以下的小容量电动机。

5. 倒顺开关接线时，应将开关两侧的进线中的________相互换，并保证标记为 L1、L2、L3 接________，标记为 U、V、W 接________。

6. 倒顺开关是组合开关的一种，也称为________开关，是专为控制________的正反转而设计的。开关的手柄有________、________和________三个位置，手柄只能从“停”的位置左转或右转________。

7. 对照主教材线路原理图，补充工作原理

手柄位置“停”QS 的________不接触，电路不通，电动机不转。

手柄位置“顺”QS 的________相接触，电路按________接通，电动机正转。

手柄位置“倒”QS 的________相接触，电路按________接通，电动机反转。

二、填图题

将题图 1—2—2 中的低压电器结构名称补充完整。

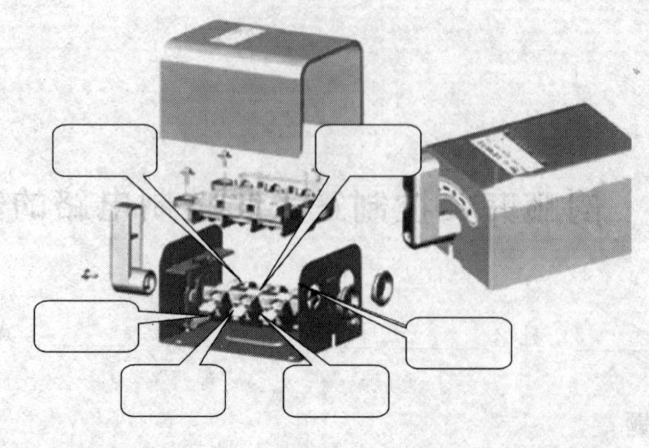

题图 1—2—2

三、判断题

1. 倒顺开关进出线接错易造成两相电源短路。 (　　)

2. 用倒顺开关控制电动机的正反转时，可以直接把手柄由“顺”扳至“倒”的位置，使电动机反转。 (　　)

四、选择题

倒顺开关在使用时，必须将接地线接到倒顺开关的（　　）。

A. 指定的接地螺钉上　　B. 罩壳上　　C. 手柄上

五、问答题

用倒顺开关控制电动机正反转时，为什么不允许把手柄从“顺”的位置扳至“倒”的位置?

沿虚线剪下

1—2—2　接触器联锁正反转控制电路的安装与检修

班级＿＿＿＿＿＿　姓名＿＿＿＿＿＿　学号＿＿＿＿＿＿　成绩＿＿＿＿＿＿

一、填空题

对照主教材线路原理图，补充工作原理

（1）正转控制

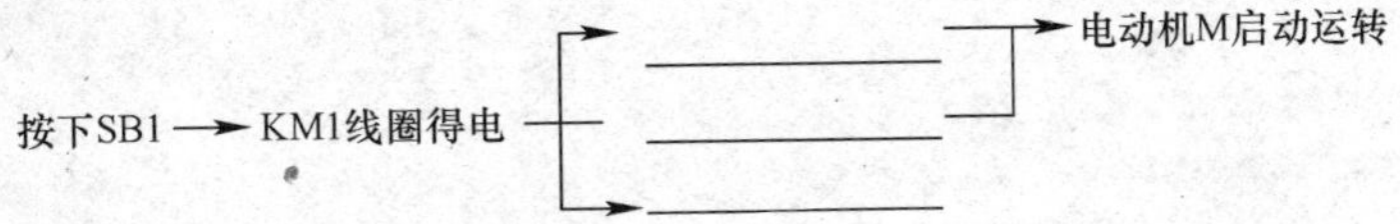

按下SB1 → KM1线圈得电 → ＿＿＿＿＿＿ / ＿＿＿＿＿＿ / ＿＿＿＿＿＿ → 电动机M启动运转

（2）反转控制

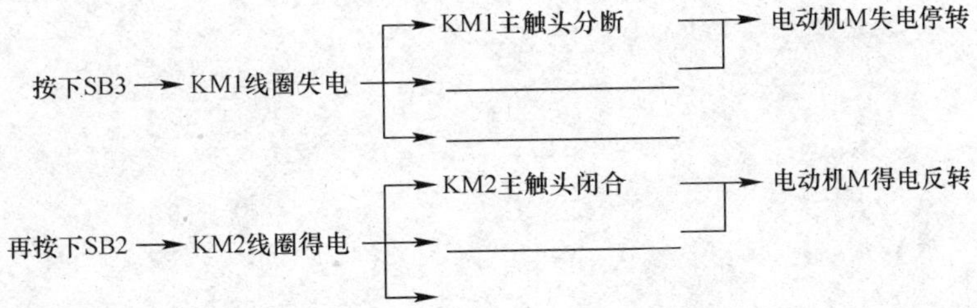

按下SB3 → KM1线圈失电 → KM1主触头分断 / ＿＿＿＿＿＿ / ＿＿＿＿＿＿ → 电动机M失电停转

再按下SB2 → KM2线圈得电 → KM2主触头闭合 / ＿＿＿＿＿＿ / → 电动机M得电反转

二、判断题

1. 在接触器连锁正反转控制线路中，正、反转接触器得主触头有时可以同时闭合。（　　）

2. 为了保证三相异步电动机实现反转，正、反转接触器的主触头必须按相同的相序并接后串接在主电路中。（　　）

三、选择题

1. 接触器联锁正反转控制线路中，为避免两相电源短路事故，必须在正、反转控制电路中分别串接（　　）。

A. 联锁触头　　B. 自锁触头　　C. 主触头

2. 在接触器联锁正反转控制线路中，其联锁触头应是对方接触器的（　　）。

A. 主触头　　B. 辅助常开触头　　C. 辅助常闭触头

3. 在操作接触器联锁正反转控制线路时，要使电动机从正转变为反转，正确的操作方法是（　　）。

A. 直接按下反转启动按钮

B. 直接按下正转启动按钮

C. 先按下停止按钮，再按下反转启动按钮

四、问答题

在接触器联锁正反转控制线路中，两个接触器主触头如何接线才能实现电动机正反转控制？两个接触能否同时得电闭合？为什么？

沿虚线剪下

1—2—3　按钮、接触器双重联锁正反转控制电路的安装与检修

班级＿＿＿＿＿＿＿　姓名＿＿＿＿＿＿＿　学号＿＿＿＿＿＿＿　成绩＿＿＿＿＿＿＿

一、填空题

1. 按钮、接触器双重联锁正反转控制线路的优点是＿＿＿＿、＿＿＿＿。

2. 在操作按钮、接触器双重联锁正反转控制线路时，要使电动机从正转变为反转，可直接按下＿＿＿＿。

3. 对照主教材线路原理图，补充工作原理

线路的工作原理如下：先合上电源开关 QF。

（1）正转控制：

按下SB1 → SB1常闭触头先分断对KM2联锁(切断反转控制电路)

按下SB1 → SB1常开触头后闭合 → KM1线圈得电 →

→ ＿＿＿＿＿＿

→ KM1主触头闭合 → 电动机M启动连续正转

→ KM1联锁触头分断对KM2联锁

（2）反转控制：

按下SB2 → SB2常闭触头先分断 → ＿＿＿＿ → ＿＿＿＿＿＿

→ KM1主触头分断 → 电动机M失电

→ KM1联锁触头恢复闭合 →

按下SB2 → SB2常开触头后闭合

→ KM2线圈得电 → ＿＿＿＿＿＿

→ KM2主触头闭合 → 电动机M启动连续反转

→ KM2联锁触头分断对KM1联锁(切断正转控制电路)

（3）停止控制：

按下SB3 → ＿＿＿＿＿＿ → ＿＿＿＿

→ 主触头分断 → 电动机M失电停转

→ 联锁触头复位

二、问答题

1. 题图 1—2—3 所示双重联锁正反转控制线路中哪些地方画错了？试改正后叙述其工作原理。

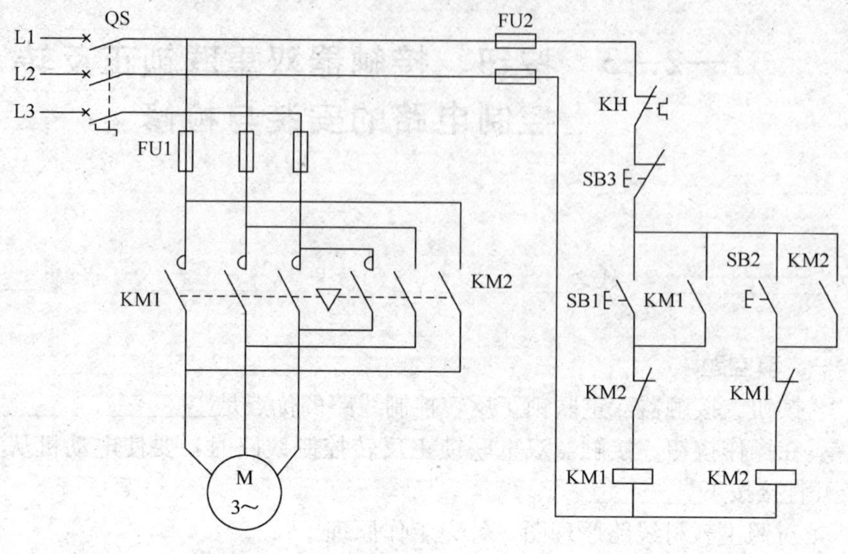

题图 1—2—3

2. 试画出点动的双重连锁正反转控制线路的电路图。

沿虚线剪下

1—3—1　位置控制电路的安装与检修

班级＿＿＿＿＿＿　姓名＿＿＿＿＿＿　学号＿＿＿＿＿＿　成绩＿＿＿＿＿＿

一、填空题

1. 位置开关是一种将＿＿＿＿信号转换为＿＿＿＿信号，以控制运动部件＿＿＿＿或＿＿＿＿的自行控制电器。

2. 在生产过程中，若要限制生产机械运动部件的行程、位置或使其运动部件在一定的范围内自动往返循环时，应在需要的位置安装＿＿＿＿。

3. 位置控制是利用生产机械运动部件上的＿＿＿＿与＿＿＿＿碰撞，使其＿＿＿＿动作，来＿＿＿＿或＿＿＿＿电路，以实现对生产机械运动部件的＿＿＿＿或＿＿＿＿的自动控制。

4. 工厂车间里的常采用＿＿＿＿控制线路，行车的两头终点处各安装一个＿＿＿＿，其＿＿＿＿分别串接在正、反转控制电路中。移动位置开关的安装位置可调节行车的＿＿＿＿和＿＿＿＿。

5. 位置开关又称＿＿＿＿或＿＿＿＿，是利用生产机械运动部件上的＿＿＿＿与＿＿＿＿开关碰撞，使其＿＿＿＿动作，来＿＿＿＿或＿＿＿＿电路，以实现对生产机械运动部件的位置或行程的自动控制。

6. 行程开关主要用于控制生产机械的运动＿＿＿＿、＿＿＿＿、＿＿＿＿大小或位置，是一种自动控制电器。

7. 机床种常用的行程开关＿＿＿＿和＿＿＿＿等系列，各系列行程开关的基本结构大体相同，都是由＿＿＿＿、＿＿＿＿和＿＿＿＿组成。

8. 行程开关的动作方式可分为＿＿＿＿、＿＿＿＿和＿＿＿＿三种。动作后的复位方式有＿＿＿＿复位和＿＿＿＿复位两种。

9. 对照主教材线路原理图，补充工作原理

按下SB1 ——→ KM1线圈得电 ——→
- → ＿＿＿＿＿＿＿＿
- → KM1主触头闭合 ——→ 电动机M正转 ——→
- → KM1联锁触头分断对KM2联锁

——→ 工作台左移 ——→ 至限定位置挡铁1撞击SQ1 ——→ SQ1常闭点断开 ——→ KM1线圈失电 ——→
- → ＿＿＿＿＿＿＿＿
- → KM1主触头复位断开 ——→ 电动机M停转
- → KM1联锁触头分闭合解除对KM2联锁

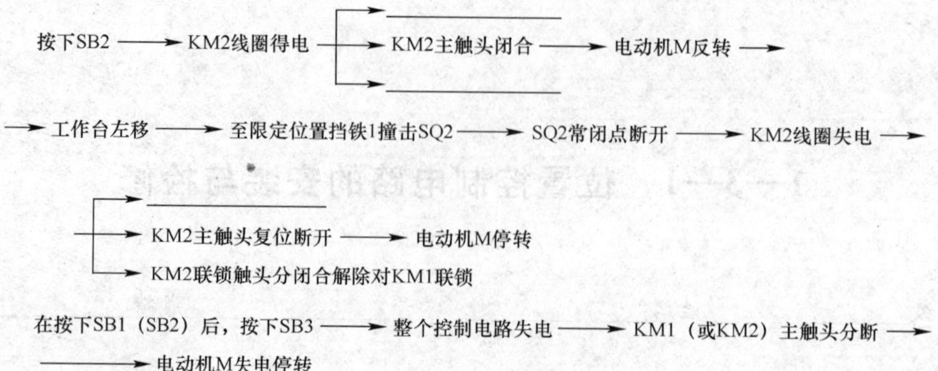

二、填图题

将题图 1—3—1 中的低压电器结构名称补充完整。

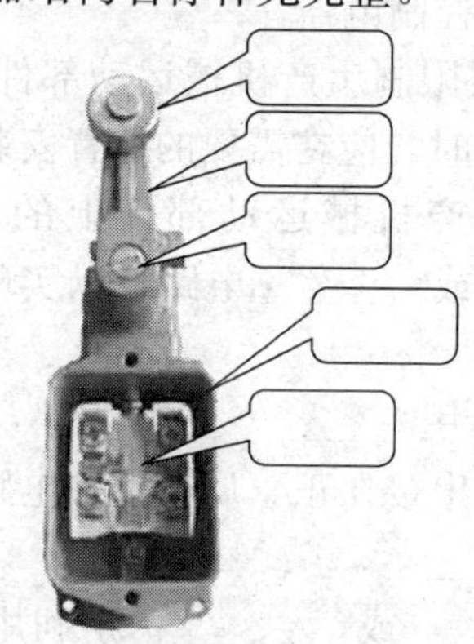

题图 1—3—1

二、画图题

某工厂车间需用一行车，要求按题图 1—3—2 示意图运动。试画出满足要求的电路图。

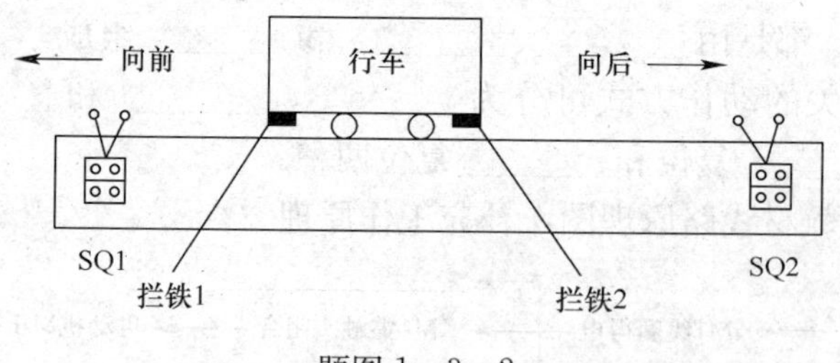

题图 1—3—2

沿虚线剪下

1—3—2 自动循环控制电路的安装与检修

班级＿＿＿＿＿＿ 姓名＿＿＿＿＿＿ 学号＿＿＿＿＿＿ 成绩＿＿＿＿＿＿

一、填空题

1. 要使生产机械的运动部件在一定的行程内自动往返运动，就必须依靠＿＿＿＿对电动机实现＿＿＿＿正反转控制。

2. 对照主教材线路原理图，补充工作原理

按下SB1 → KM1线圈得电 → { ＿＿＿＿＿＿ ; KM1主触头闭合 } → 电动机M正转 →
　　　　　　　　　　　　→ KM1联锁触头分断对KM2联锁

→ 工作台左移 → 至限定位置挡铁1撞击SQ1 →

→ SQ1-1先分断 → KM1线圈失电 → { KM1自锁触头分断解除自锁 ; ＿＿＿＿＿＿ } → M停止正转，工作台停止左移
　　　　　　　　　　　　　　→ KM1联锁触头恢复闭合
→ SQ1-2后闭合 →

→ KM2线圈得电 → { KM2自锁触头闭合自锁 ; KM2主触头闭合 } → 电动机M反转 →
　　　　　　　　→ ＿＿＿＿＿＿

→ 工作台右移(SQ1触头复位) → 至限定位置挡铁2撞击SQ2 →

→ SQ2-1先分断 → KM2线圈失电 → { KM2自锁触头分断解除自锁 ; ＿＿＿＿＿＿ } → M停止反转，工作台停止右移
　　　　　　　　　　　　　　→ KM2联锁触头恢复闭合
→ SQ2-2后闭合 →

→ KM1线圈得电 → { KM1自锁触头闭合自锁 ; KM1主触头闭合 } → 电动机M又正转 →
　　　　　　　　→ ＿＿＿＿＿＿

→ 工作台又左移(SQ2触头复位) → 以后重复上述过程，工作台就在限定的行程内自动往返运动

停止：

按下SB3 → 整个控制电路失电 → KM1(或KM2)主触头分断 → 电动机M失电停转

3. 补充接近开关原理方框图

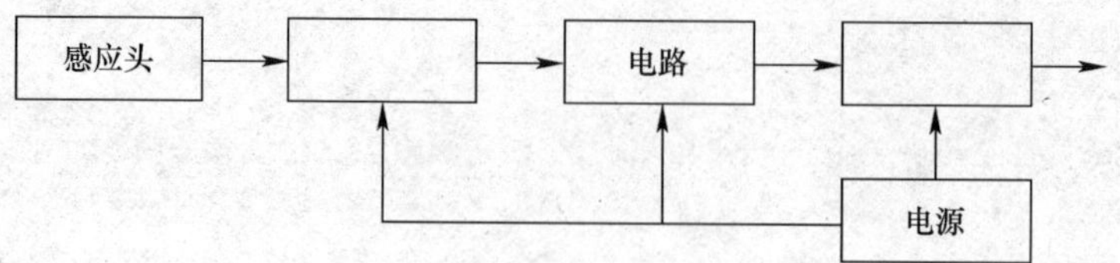

二、判断题

根据题图 1—3—3 判断下列各题的正误：

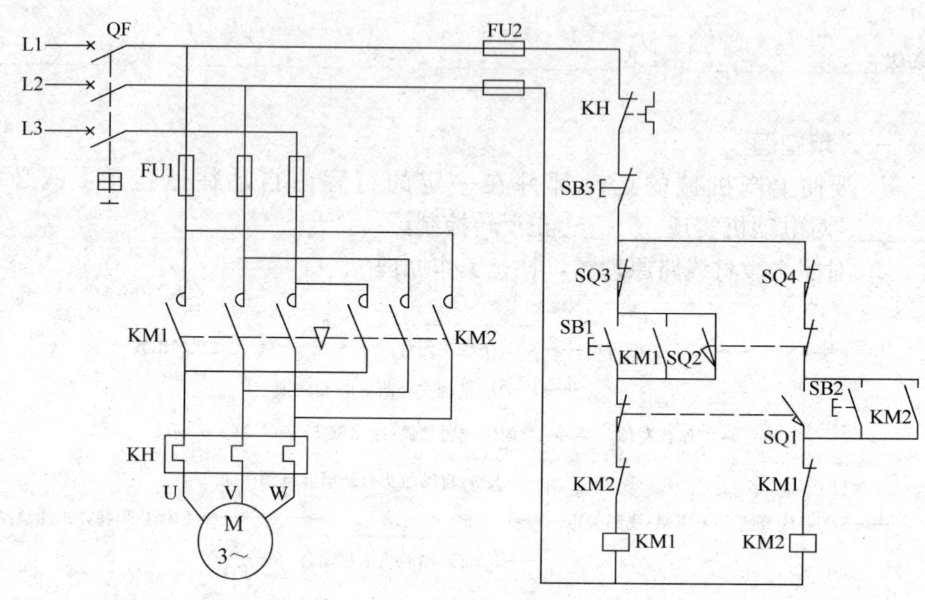

题图 1—3—3

1. 该控制线路是具有双重联锁的自动可逆转的控制线路。（　）
2. 若同时按下 SB1、SB2，电路会出现短路。（　）
3. 接触器得电，电动机 M 反转工作时，若轻按一下 SB1，电动机 M 将停转。（　）
4. 实现电动机自动逆转的电器是 SQ1、SQ2。（　）
5. 电器 SQ3、SQ4 主要用来作终端超程保护。（　）
6. 该控制线路能实现自动可逆运行，按下 SB1、SB2 是多余的。（　）

三、问答题

1. 分析题图 1—3—4 所示控制线路，回答下列问题：

（1）该线路能实现几种控制方式？

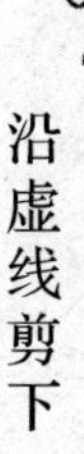

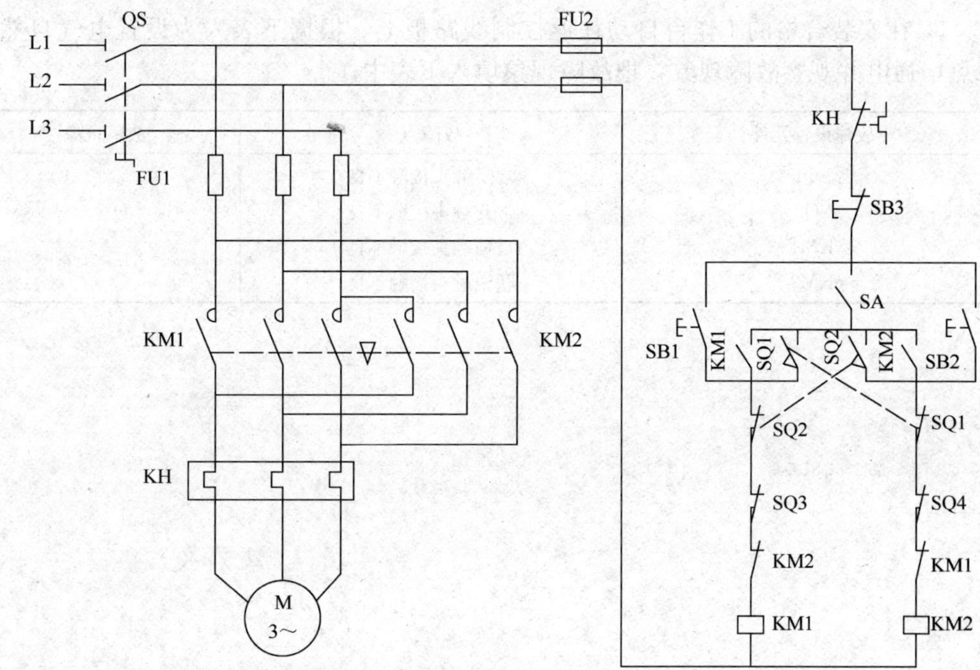

题图 1—3—4

（2）线路中有什么保护？各有什么电器实现？

（3）说明 SA、SQ1 的作用。

2. 在安装合格的工作台自动往返控制线路板上，根据下表人为设置电气自然故障点，通电并观察故障现象，把故障现象填入下表中。

故障设置元件	故障点	故障现象
SQ1	常闭触头接触不良	
SQ2	常开触头接触不良	
KM1	自锁触头接触不良	
KM2	联锁触头接触不良	

沿虚线剪下

1—4—1　三相笼型异步电动机顺序控制电路的安装与检修

班级____________　姓名____________　学号____________　成绩____________

一、填空题

1. 要求几台电动机的启动或停止，必须按一定的________来完成的控制方式，称为电动机的顺序控制。三相异步电动机可在________或________实现顺序控制。

2. 主电路实现电动机实现顺序控制的特点：后启动电动机的主电路必须接在先启动电动机接触器________的下方。

3. 控制电路实现电动机顺序控制的特点：后启动电动机的控制电路必须________在先启动电动机接触器得自锁触头之后，并与其接触器线圈________；或者在后启动机的控制电路中，串接先启动电动机接触器的________。

二、问答题

1. 试分析题图 1—4—1 所示控制线路的工作原理，并说明该线路属于哪种顺序控制线路。

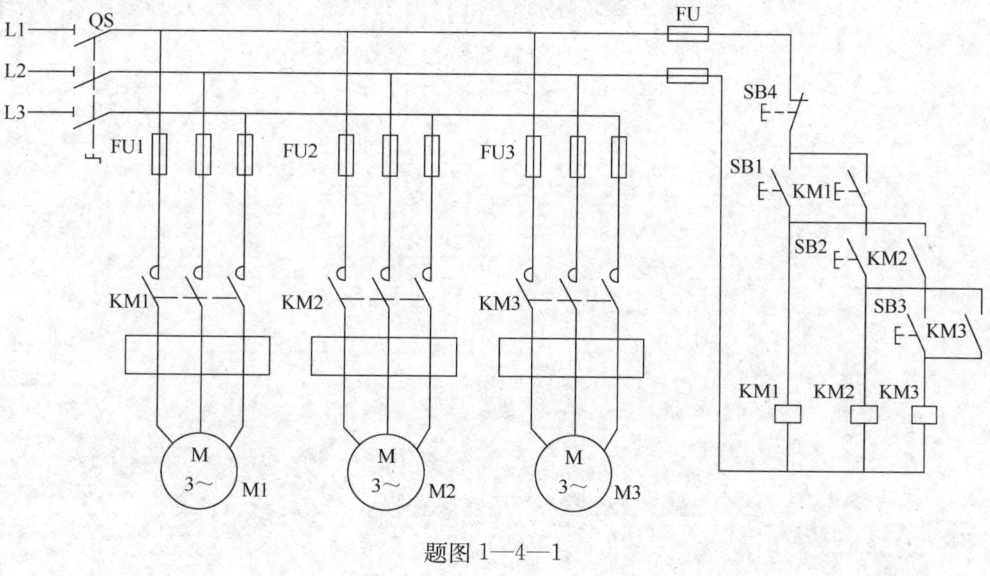

题图 1—4—1

2. 题图 1—4—2 所示是两种在控制电路实现电动机顺序控制的线路，试分析两线路各有哪些特点，能满足哪些控制要求？

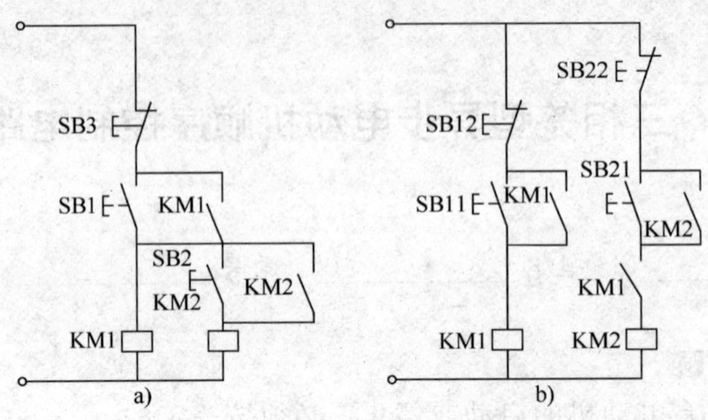

题图 1—4—2

沿虚线剪下

1—4—2　三相异步电动机多地控制电路的安装与检修

班级____________　姓名____________　学号____________　成绩____________

一、填空题

1. 能在________或________控制同一台电动机的控制方式称为电动机的多地控制。

2. 多地控制线路的接线特点是：各地的启动按钮要________，停止按钮要________。

3. 对照主教材线路原理图，补充工作原理

甲地控制：

启动：

按下SB11 → KM线圈得电 → KM主触头闭合 → 电动机M启动连续运转
　　　　　　　　　　　　→ ____________

停止：

按下SB12 → KM线圈失电 → KM主触头分断 → 电动机M停止运转
　　　　　　　　　　　　→ ____________

乙地控制：

启动：

按下SB21 → KM线圈得电 → KM主触头闭合 → 电动机M启动连续运转
　　　　　　　　　　　　→ ____________

停止：

按下SB22 → KM线圈失电 → KM主触头分断 → 电动机M停止运转
　　　　　　　　　　　　→ ____________

二、问答题

试画出能在两地控制同一台电动机正反转点动控制线路的电路图。

沿虚线剪下

1—5—1 定子绕组串接电阻降压启动控制电路的安装与检修

班级__________ 姓名__________ 学号__________ 成绩__________

一、填空题

1. 定子绕组串接电阻降压启动是在电动机启动时，利用________来降低加在电动机定子绕组上的启动电压。待电动机启动后，再将电阻________，使电动机在________下正常运行。

2. 对照主教材线路原理图，补充工作原理

按下SB1 → KM1线圈得电 → ________ / KM1主触头闭合 → 电动机M串电阻R降压启动；KM1辅助常开触头闭合 → KT线圈得电 →

至转速上升到一定值时，KT延时结束 KT常开触头闭合 → KM2线圈得电 →

→ ________ / KM2主触头闭合 → 电阻R被短接 → 电动机M全压运转

→ ________ → KM1、KT线圈失电，其触头复位

二、判断题

1. 在安装定子绕组串接电阻降压启动控制线路时，电阻器产生的热量对其他电器无任何影响，故安装在箱体内或箱体外时，不需要采用任何防护措施。 （ ）

2. 在题图 1—5—1 线路中，电动机作全压运转时，只有 KM2 得电。 （ ）

3. 在题图 1—5—1 线路中，要手动操作电动机串电阻降压启动，将 SA 的手柄置于图中“1”位置后，按下 SB3，KM2 得电即可。 （ ）

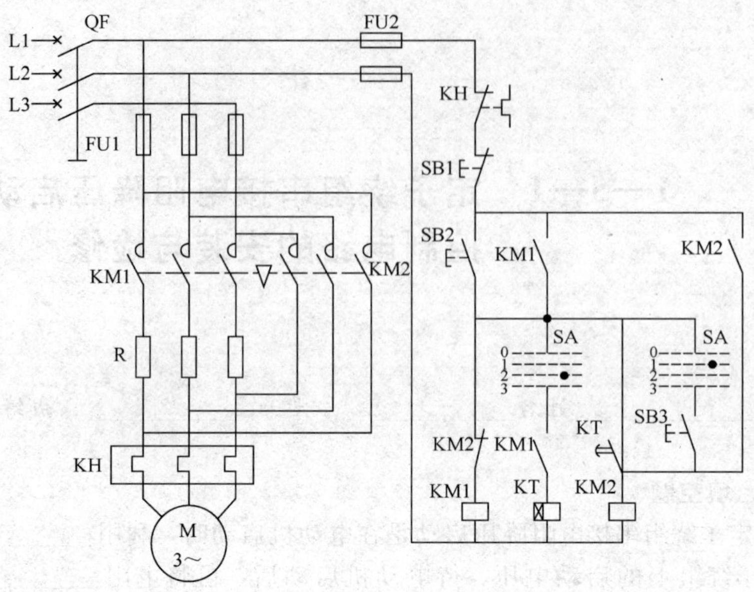

题图 1—5—1

三、问答题

1. 如题图 1—5—2 所示，定子绕组串接电阻降压启动的两个主电路在启动和工作过程中有何区别?

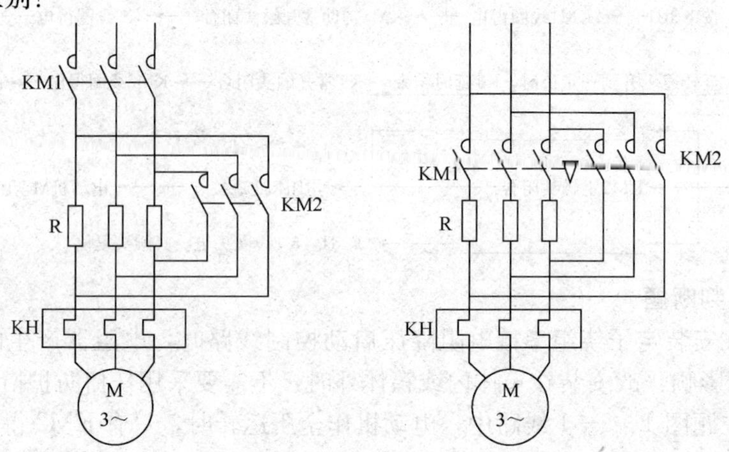

题图 1—5—2

2. 某台三相笼型异步电动机，功率为 20 kW，额定电流为 38.4 A，电压为 380 V。需要串联多大的启动电阻进行降压启动?

沿虚线剪下

1—5—2　自耦变压器（补偿器）降压启动控制电路的检修

班级＿＿＿＿＿＿　姓名＿＿＿＿＿＿　学号＿＿＿＿＿＿　成绩＿＿＿＿＿＿

一、填空题

1. 自耦变压器降压启动是指在电动机启动时，利用＿＿＿＿来降低加在电动机定子绕组上的启动电压。待电动机启动后，再使电动机与＿＿＿＿脱离，从而在＿＿＿＿下正常运行。

2. 利用自耦变压器来进行降压的启动装置称为＿＿＿＿，其产品有＿＿＿＿和＿＿＿＿两种。

3. QJ10 系列空气式手动自耦减压启动器适用于＿＿＿＿、＿＿＿＿、＿＿＿＿、及＿＿＿＿以下的三相笼型异步电动机。作不频繁降压启动和停止用。

4. 对照主教材线路原理图，补充工作原理

降压启动：

按下SB2
- → KM1线圈得电
  - → KM1自锁触头闭合
  - → KM1常闭触头分断对＿＿＿＿联锁
  - → KM1主触头闭合 ┐
- → KM2线圈得电
  - → KM2主触头闭合 ┘— ＿＿＿＿＿＿＿＿
  - → KM常闭触头分断对＿＿＿联锁
- → KT线圈得电，为电动机M的正常运行转作准备

全压启动：

KT常闭触头分断
- → KM1
  - → KM1常闭触头恢复闭合，解除对＿＿的联锁
  - → KM1自锁触头分断
  - → KM1主触头分断 ┐
- → KM2
  - → KM2主触头分断 ┘— ＿＿＿＿＿＿＿＿
  - → KM2自锁分断
  - → ＿＿＿＿＿＿＿＿＿＿＿＿

KT常开触头闭合 → KM3线圈得电
- → KM3主触头闭合 ┐
- → KM3自锁触头闭合 ┘→ ＿＿＿＿＿＿
- → KM3联锁触头打开

停止时，按下SB1即可。

二、填图题

将题图 1—5—3 中的低压电器结构名称补充完整。

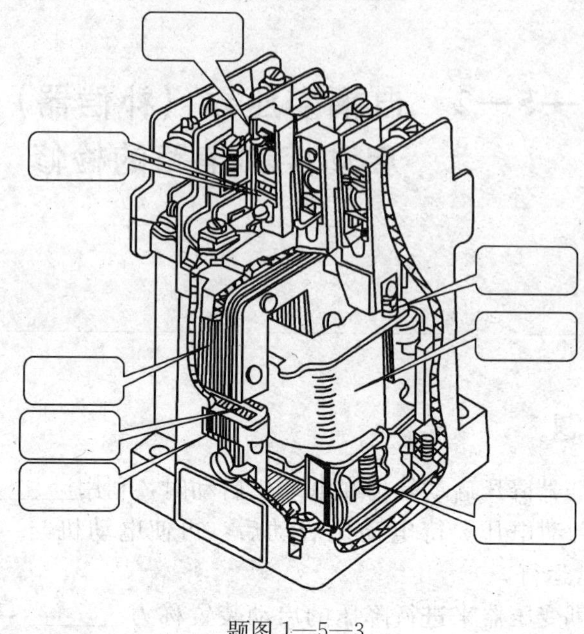

题图 1—5—3

二、问答题

XJ01 系列自耦变减压启动箱由哪些电气元件组成?

沿虚线剪下

1—5—3 Y—△降压启动控制电路的安装与检修

班级______ 姓名______ 学号______ 成绩______

一、填空题

1. Y—△形降压启动是指电动机启动时，把定子绕组接成________形降压启动，待电动机转速上升并接近额定值时，再将电动机定子绕组改接成________形全压正常运行。

2. 异步电动机作 Y—△形降压启动时，每相定子绕组上的启动电压是正常工作电压的________倍，启动电流是正常工作电流的________倍，启动转矩是正常工作转矩的________倍。

3. 对照主教材线路原理图，补充工作原理

先合上电源开关QF。

按下SB1 → KM 线圈得电 → ________；→ KM 主触头闭合

→ KMY线圈得电 → KM 主触头闭合；→ ________

（两个"KM 主触头闭合"合并 → ________）

→ KT 线圈得电 → 当M转速上升到一定值时KT延时结束 →

→ KT常闭触头先分断 → ________ → KM_Y 连锁触头闭合，解除KM_Δ连锁；→ KM_Y 主触头分断，解除Y形连接

→ KT常开触头后闭合 → KM_Δ线圈得电 → KM_Δ主触头闭合；→ ________；（两者合并 → M接成Δ全压运行）→ KM_Δ连锁触头分断 → KT线圈失电 →

→ KT常闭触头恢复闭合

→ KT常开触头恢复分断

停止时，按下停止按钮SB2即可。

二、选择题

1. 在题图 1—5—4 线路中，电动机作 Y 接法时，处于通电状态的线圈是（　　）。

A. KM、KT、KM_Y　　B. KM、KT　　C. KM、KM_Y

2. 在题图 1—5—4 线路中，若 KMY 线圈断电，按下 SB1 后，电动机处于（　　）工作状态。

A. 不转　　B. 直接接成△启动运转　　C. 开始不转，后接成△启动运转

3. 在题图 1—5—4 线路中，按下 SB1 后，电动机一直作 Y 连接运转的原因是（　　）。

A. $KM_{\triangle}$ 线圈断电　　B. KT 线圈断电　　C. KM_{Y} 线圈断电

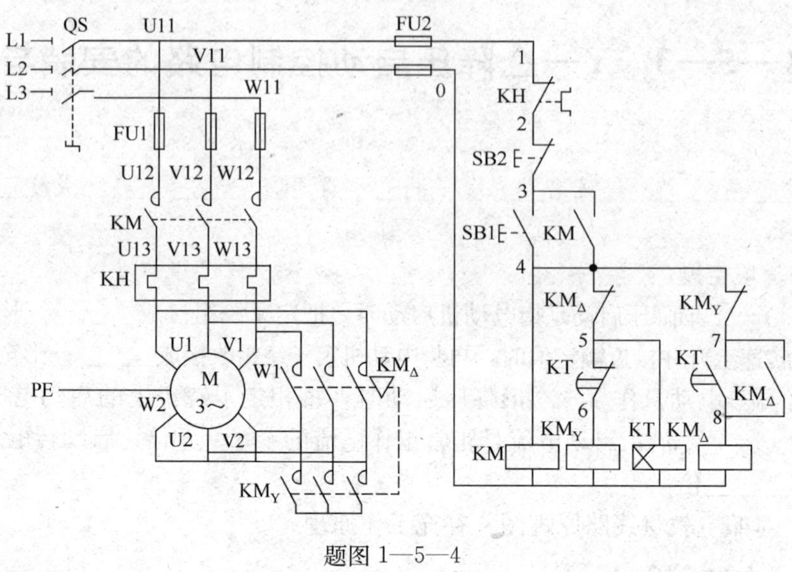

题图 1—5—4

三、判断题

1. 凡是在正常运行时定子绕组作△形连接的异步电动机，均可采用 Y—△降压启动。（　　）

2. 采用 Y—△降压启动的电动机需要有 6 个出线端，而采用延边△形降压启动的电动机则需要有 9 个出线端。（　　）

3. 题图 1—5—5 线路中，先按下 SB3 时，电动机将作△形接法直接启动。（　　）

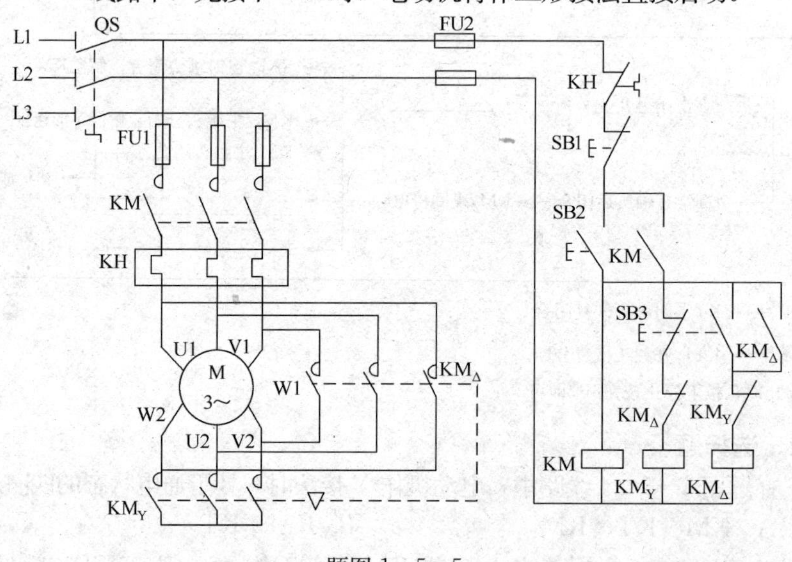

题图 1—5—5

三、问答题

定子绕组为星形接法的三相笼型异步电动机能否用 Y—△降压启动方法？为什么？

沿虚线剪下

＊1—5—4　延边△降压启动控制电路的检修

班级＿＿＿＿＿＿　姓名＿＿＿＿＿＿　学号＿＿＿＿＿＿　成绩＿＿＿＿＿＿

1. 延边△形降压启动是指电动机启动时，把定子绕组的一部分接成＿＿＿＿，另一个＿＿＿＿，使整个绕组接成延边三角形，待电动机启动后，再把定子绕组改接成＿＿＿＿形全压运行。

2. 采用延边△形降压启动时，电动机每相定子绕组承受的电压＿＿＿＿△形接法时的相电压。

3. 对照主教材线路原理图，补充工作原理

按下SB1 → KM线圈得电 → ＿＿＿＿＿＿
KM线圈得电 → KM主触头闭合 → 电动机M接成延边Δ降压启动
按下SB1 → KM1线圈得电 → ＿＿＿＿＿＿
KM1线圈得电 → KM1联锁触头分断对KM_{Δ}联锁
按下SB1 → KT线圈得电 → 待M转速上升到接近额定值时，KT延时结束

→ KT常闭触头先分断 → KM1线圈失电 → KM1主触头分断，解除延边Δ连接
KM1线圈失电 → ＿＿＿＿＿＿ →
→ KT常开触头后闭合 →

KM_{Δ}线圈得电 → ＿＿＿＿＿＿ → 电动机M接成Δ全压运行
KM_{Δ}线圈得电 → KM_{Δ}主触头闭合 → 电动机M接成Δ全压运行
KM_{Δ}线圈得电 → KM_{Δ}辅助常闭触头分断 → 对KM1联锁
KM_{Δ}辅助常闭触头分断 → ＿＿＿＿＿＿ → KT线圈瞬时复位

停止时按下SB2即可。

沿虚线剪下

1—6—1　机械制动—电磁抱闸制动器断电（通电）制动控制线路的安装与检修

班级＿＿＿＿＿＿　姓名＿＿＿＿＿＿　学号＿＿＿＿＿＿　成绩＿＿＿＿＿＿

一、填空题

1. 利用＿＿＿＿使用电动机断开电源后迅速停转的方法称为机械制动。机械制动常用的方法有＿＿＿＿制动和＿＿＿＿制动。

2. 断电制动型电磁抱闸制动器被广泛应用在＿＿＿＿上，其优点是能够＿＿＿＿，同时可防止电动机突然断电时重物的＿＿＿＿。

3. 电磁离合器主要由＿＿＿＿、＿＿＿＿、＿＿＿＿以及＿＿＿＿等组成。

4. 安装电磁抱闸制动器时，要保证闸瓦制动器的抱闸机构与电动机轴伸端上的制动闸轮在＿＿＿＿上，且轴心要＿＿＿＿。

5. 制动电磁铁主要由＿＿＿＿、＿＿＿＿和＿＿＿＿三部分组成。

6. 闸瓦制动器包括＿＿＿＿、＿＿＿＿、＿＿＿＿和＿＿＿＿等部分。

二、填图题

将题图 1—6—1 中的低压电器结构名称补充完整。

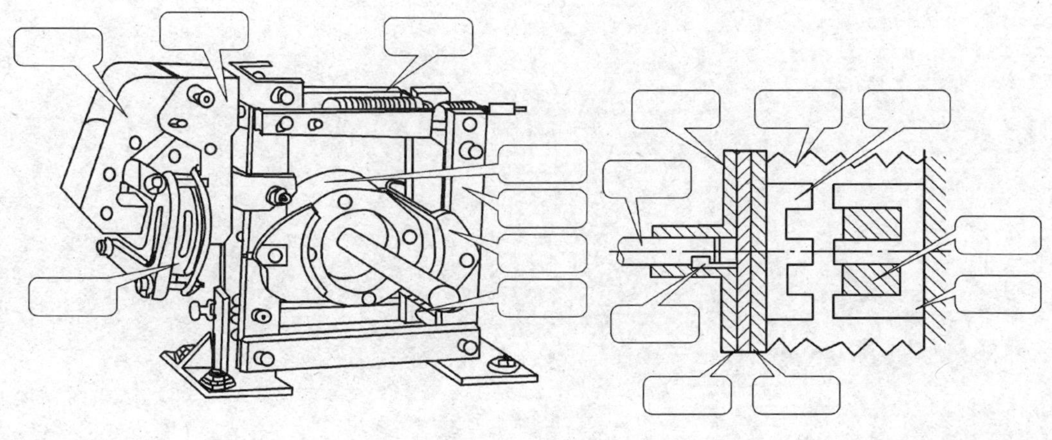

题图 1—6—1

三、问答题

1. 分别叙述断电制动型和通电制动型两种电磁制动抱闸器的工作原理。

2. 电磁抱闸制动器分为哪两种类型？各有什么性能？

沿虚线剪下

1—6—2　电力制动—反接制动控制线路的安装与检修

班级____________　姓名____________　学号____________　成绩____________

一、填空题

1. 使电动机在切断电源停转的过程中，产生一个和电动机实际旋转方向________的________力矩，迫使电动机迅速制动停转的方法称为电力制动。

2. 反接制动是依靠改变电动机定子绕组的________来产生制动力矩，迫使电动机迅速停转的。在反接制动中常利用________在制动结束时自动切断电源，以防止电动机反向启动运转。

3. 反接制动时，旋转磁场与转子相对转速为________致使定子绕组中的电流一般约为电动机额定电流的________倍左右。因此这种制动方法适用于________ kW 以下小容量电动机的制动，并且对________ kW 以上的电动机进行反接制动时，需在定子回路中串入________，以限制反接制动电流。

二、填图题

将题图 1—6—2 中的低压电器结构名称补充完整。

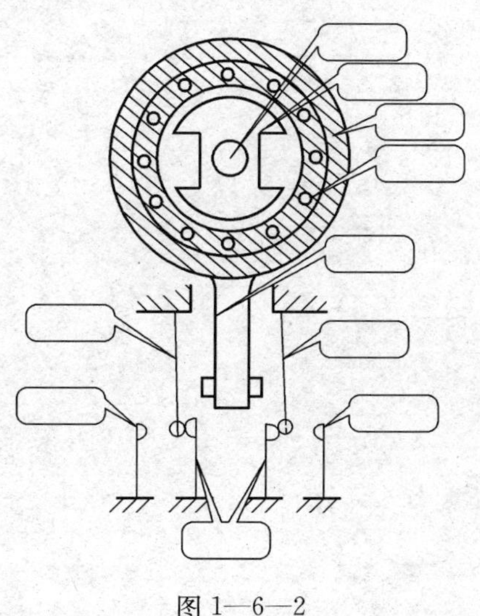

图 1—6—2

三、问答题

反接制动使电动机停转后，若不及时断开开关 QS，将会出现什么现象？

沿虚线剪下

1—6—3 电力制动—能耗制动控制线路的安装与检修

班级＿＿＿＿＿＿ 姓名＿＿＿＿＿＿ 学号＿＿＿＿＿＿ 成绩＿＿＿＿＿＿

一、填空题

1. 当电动机切断交流电源后，立即在定子绕组的任意两相中通入＿＿＿＿迫使电动机迅速停转的方法称为能耗制动。

2. 对照主教材线路原理图，补充工作原理

单向启动运转：

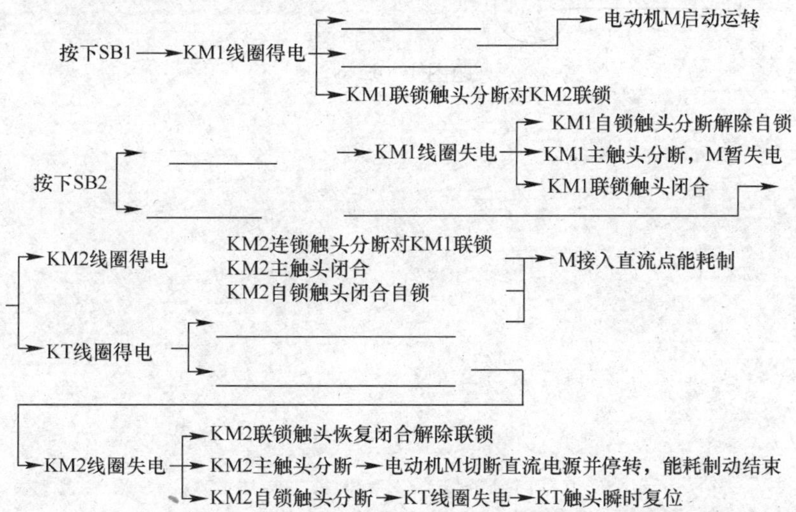

图中 KT 瞬时闭合常开触头的作用是：当 KT 出现线圈断线或机械卡住等故障时，按下 SB2 后能使电动机制动后脱离直流电源。

二、问答题

题图 1—6—3 中 KT 瞬时闭合常开触头的作用是什么？

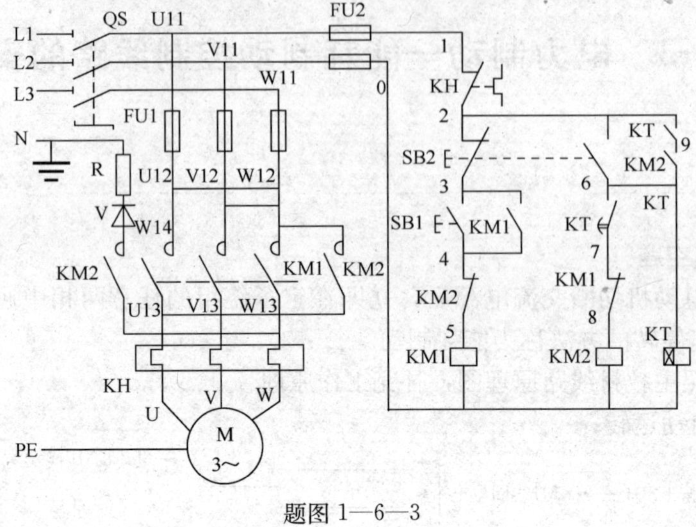

题图 1—6—3

沿虚线剪下

1—7　多速异步电动机控制线路的安装与检修

班级＿＿＿＿＿＿　姓名＿＿＿＿＿＿　学号＿＿＿＿＿＿　成绩＿＿＿＿＿＿

一、填空题

1. 三相异步电动机的调速方法有三种，一是＿＿＿＿调速，二是＿＿＿＿调速，三是＿＿＿＿调速。

2. 改变异步电动机的＿＿＿＿调速称为变极调速。变极调速是通过改变＿＿＿＿来实现的。

3. 变极调速属于＿＿＿＿级调速，只适用于＿＿＿＿异步电动机。

4. 双速异步电动机定子绕组接成△时，磁极为＿＿＿＿极，同步转速为＿＿＿＿r/min；接成 YY 时，磁极为＿＿＿＿极，同步转速为＿＿＿＿r/min。

5. 双速异步电动机的定子绕组共有＿＿＿＿个出线端，可作＿＿＿＿和＿＿＿＿两种连接方式，电动机低速时定子绕组接成＿＿＿＿形，高速时定子绕组接成＿＿＿＿形。

6. 对照主教材线路原理图，补充工作原理

Δ形低速启动运转：

按下SB1 → SB1常闭触头先分断
按下SB1 → SB1常开触头后闭合 → KM1线圈得电 →
→ ＿＿＿＿＿＿
→ ＿＿＿＿＿＿ → 电动机M接成Δ形低速启动运转
→ ＿＿＿＿＿＿＿＿＿＿＿＿

YY形高速运转：

按下SB2 → KT线圈得电 → KT-1常开触头瞬时闭合自锁经KT整定时间 →
→ KT-2先分断 → KM1线圈失电 → ＿＿＿＿＿＿
→ KT-2先分断 → KM1线圈失电 → ＿＿＿＿＿＿
→ KT-3后闭合 ＿＿＿＿＿＿＿＿ →

→ KM2、KM3线圈得电 → ＿＿＿＿＿＿ → ＿＿＿＿＿＿
→ KM2、KM3线圈得电 → KM2、KM3连锁触头分断对KM1连锁

停止时，按下SB3即可。若电动机只需高速运转时，可直接按下SB2，则电动机Δ形低速启动后，YY形高速运转。

二、选择题

1. 双速电动机高速运转时，定子绕组出线端的连接方式应为（　　）。

A. U1、V1、W1 接三相电源，U2、V2、W2 空着不接

B. U2、V2、W2 接三相电源，U1、V1、W1 空着不接

C. U2、V2、W2 接三相电源，U1、V1、W1 并接在一起

D. U1、V1、W1 接三相电源，U2、V2、W2 并接在一起

2. 双速电动机高速运转时的转速是低速运转转速的（　　）倍。

A. 1　　B. 2　　C. 3

3. 题图 1—7—1 所示电路中，电动机启动并作低速运转时，应按下（　　）。

A. SB1　　B. SB2　　C. SB3

4. 题图 1—7—1 所示电路中，电动机启动并作高速运转时，应按下（　　）。

A. SB1　　B. SB2　　C. SB3

三、判断题

1. 双速电动机定子绕组从一种接法改变为另一种接法时，必须把电源相序反接，以保证电动机在两种转速下旋转方向相反。（　　）

2. 题图 1—7—1 所示是采用 CJ12B 系列接触器（有 5 个主触头）的双速电动机的控制线路，电动机要高速运转时，必须先低速启动，而后再按下 SB3 实现高速运转。（　　）

四、问答题

电动机的定子绕组共有几个出线端？分别画出双速电动机在低、高速时定子绕组的接线图？

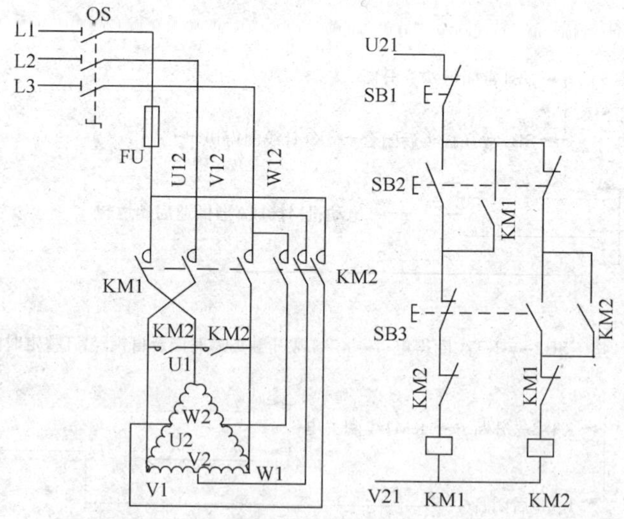

题图 1—7—1

沿虚线剪下

1—8—1　转子回路串电阻启动控制电路的安装与检修

班级__________　姓名__________　学号__________　成绩__________

一、填空题

1. 绕线转子异步电动机启动时，在转子回路中接入作________连接、________的三相启动变阻器，并把可变电阻放到________位置，以减小________，获得较大的________。随着电动机转速的升高，可变电阻________。启动完毕后，可变电阻减小到________，转子绕组被直接________，电动机便在________状态下运行。

2. 绕线转子三相异步电动机可以通过________在转子绕组中________来改善电动机的机械特性，从而达到减小________、增大________一级调节________的目的。

3. 在要求________较大且有一定________要求的场合，常常采用三相绕线转子异步电动机拖动。

4. 电动机转子绕组中串接的外加电阻在每段切除前和切除后，三相电阻始终是对称，称为________电阻器；若启动时串入的全部三相电阻是不对称的，且每段切除后三相仍不对称，则称为________电阻器。

5. 反映输入量为________的继电器称为电流继电器。使用时，电流继电器的线圈________联在被测电路中，当通过线圈的________达到预定值，其触头动作。

6. 电流继电器分为________继电器和________继电器两种。

二、问答题

1. 安装与使用电流继电器时应注意哪些问题?

2. 根据电流继电器自动控制电路图填空：

（1）图中三个过电路继电器KA1、KA2和KA3能根据电动机________电流的变化，控制接触器________、________和________依次得电动作，来________切除启动电阻。

（2）三个过电流继电器KA1、KA2和KA3的线圈串接在________回路中，它们的________电流都一样，但________电流不同，________最大，________次之，________最小。

沿虚线剪下

1—8—2　转子回路中串频敏变阻器控制电路的安装与检修

班级＿＿＿＿＿＿　姓名＿＿＿＿＿＿　学号＿＿＿＿＿＿　成绩＿＿＿＿＿＿

一、填空题

1. 频敏变阻器是一种阻抗值随＿＿＿＿明显变化、静止的＿＿＿＿电磁元件。它实质上是一个＿＿＿＿非常大的三相电抗器，主要由＿＿＿＿和＿＿＿＿两部分组成。

2. 绕线转子异步电动机启动时，只需用一级频敏变阻器串接在＿＿＿＿中，就可以平稳地把电动机电动机启动起来。启动完毕＿＿＿＿频敏变阻器。

3. 拧开频敏变阻器螺栓上的螺母，可以在上下铁芯之间增减＿＿＿＿以调整＿＿＿＿的长度，出厂时该长度为＿＿＿＿。

4. 频敏变阻器的绕组有四个抽头，一个抽头在绕组的＿＿＿＿面，标号为 N；另外三个抽头在绕组的＿＿＿＿面，标号分别为 1、2、3。抽头 1—N 之间为＿＿＿＿%匝数，2—N 之间为＿＿＿＿%匝数，3—N 之间为＿＿＿＿%匝数。出厂时三组线圈均接在＿＿＿＿%匝数的抽头处，并接成＿＿＿＿形。

5. 频敏变阻器应根据电动机所拖动生产机械的＿＿＿＿和＿＿＿＿来选择其系列，再按电动机＿＿＿＿选择其规格。

二、问答题

1. 为什么用频敏变阻器代替启动电阻来启动控制绕线转子异步电动机？其优缺点各是什么？

2. 如何正确调整频敏变阻器的匝数和气隙?

沿虚线剪下

1—8—3　凸轮控制器控制转子回路串电阻启动电路的安装与检修

班级＿＿＿＿＿＿　姓名＿＿＿＿＿＿　学号＿＿＿＿＿＿　成绩＿＿＿＿＿＿

一、填空题

1. 转换开关 QS 作＿＿＿＿用；熔断器 FU1、FU2 分别作为＿＿＿＿和＿＿＿＿的短路保护。接触器 KM 控制电动机＿＿＿＿的通断，同时还起到＿＿＿＿、＿＿＿＿保护作用；位置开关 SQ1、SQ2 分别作为电动机的正反转时工作机构运动的＿＿＿＿保护。

2. 过电流继电器 KA1、KA2 作为电动机的＿＿＿＿保护；R 是＿＿＿＿变阻器。

3. AC 是凸轮控制器，它的手轮共有＿＿＿＿个位置，中间为＿＿＿＿位，表示电动机＿＿＿＿的状态；左、右各有＿＿＿＿个位置，表示电动机正反转时触头的＿＿＿＿状态。

4. 触头系统共有＿＿＿＿副触头，其中最上面的 4 副配有灭弧罩的常开触头 AC1～AC4 接在＿＿＿＿电动中，用以控制电动机的＿＿＿＿；中间 5 副常开触头 AC5～AC9 与相接，用来逐级切换＿＿＿＿，以控制电动机的＿＿＿＿和＿＿＿＿；最下面的 3 副常闭辅助触头 AC10～AC12 都用于＿＿＿＿电路作＿＿＿＿保护。

二、填图题

将题图 1—8—1 中的低压电器结构名称补充完整。

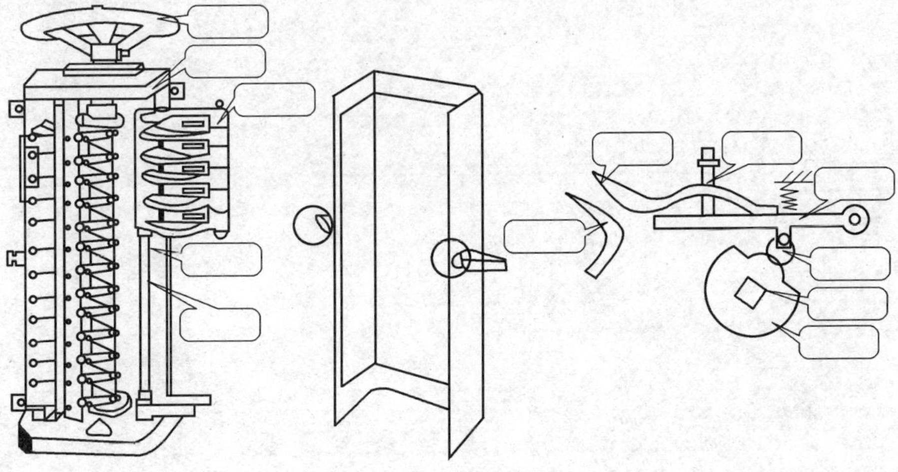

题图 1—8—1

三、问答题

1. 根据绕线转子异步电动机控制线路，回答以下问题：

（1）线路有哪些保护？各由什么电器实现？

（2）凸轮控制器手轮处于 11 个位置时分别能实现哪些操作？

（3）凸轮控制器的 12 对触头各接在什么电路中？各起什么作用？

沿虚线剪下

∗2—1—1 手动启动与调速控制线路安装与检修

班级________ 姓名________ 学号________ 成绩________

一、填空题

1. 直流电动机具有________大、________广、________高、能够实现________平滑调速以及可以频繁启动等一系列优点，常用来拖动需要大________的生产机械。

2. 直流电动机按照主磁极绕组与电枢绕组接线方式的不同，可以分为________和自励式两种。自励式又可分为________、________和________三种。

3. 直流电动机常用的启动方式有两种：一是________串联电阻启动；二是降低________启动。

4. BQ3 直流电动机启动变阻器用于________容量而电压不超过________V 的直流电动机的启动。

5. 并励直流电动机常采用________的方法启动。

6. 并励直流电动机电枢回路串电阻二级启动控制线路中，KA1 为________，作为励磁绕组的失磁保护；KA2 为过电流继电器，对电动机进行________和________保护。

二、选择题

1. 使电动机的（　　）发生变化的过程称为调速。

A. 电源频率　　B. 转速　　C. 转差率

2. 并励直流电动机采用改变主磁通进行调速时，为避免电动机振动过大，换向条件恶化，所以用这种方法调速时，其最高转速一般在（　　）r/min 以下。

A. 3 000　　B. 2 000　　C. 1 000

三、简答题

1. 并励直流电动机适用于什么场合?

2. 直流电动机在启动时，为什么不能将励磁断开？

沿虚线剪下

＊2—1—2　正反转控制线路安装与检修

班级______________　姓名______________　学号______________　成绩______________

一、填空题

1. 直流电动机反转的方法有两种，一是________反接法；二是________反接法。并励直流电动机常采用________反接法。

2. 在将电枢绕组反接的同时必须连同换向极绕组一起反接，以达到________的目的。

二、选择题

1. 电流继电器的线圈是（　　）线圈，与负载（　　），常按吸合电流大小分为过电流继电器与欠电流继电器。

A. 电流　串联　　B. 电压　串联　　C. 电流　并联

2. 并励直流电动机励磁绕组的匝数（　　），电感（　　），当从电源上断开励磁绕组时，会产生较大的自感电动势。

A. 多　　小　　B. 多　　大　　C. 少　　大

三、简答题

1. 并励直流电动机为什么常采用电枢反接法来实现反转?

2. “飞车”是什么意思？怎样防止“飞车”事故的发生?

3. 并励直流电动机在启动和运行时，为什么不能将励磁断开？

4. 并励直流电动机采用电枢绕组反接制动时应注意哪些问题？

沿虚线剪下

＊2—1—3 制动控制线路安装与检修

班级____________ 姓名____________ 学号____________ 成绩____________

一、填空题

1. 直流电动机的制动方法分为________和________两大类。

2. 直流电动机机械制动常用的方法是________，电力制动常用的方法有________、________和________三种。

3. 保持直流电动机________电流不变，将________绕组的电源切除后，立即使其与________连接成闭合回路，迫使电动机迅速停转的方法称为能耗制动。

二、选择题

1. 只用切断直流电动机的电源，电动机就会在（　　）下迅速停转。

A. 能耗制动　　B. 再生发电制动　　C. 反接制动

2. 并励直流电动机的反接制动时通过把正在运行的电动机的（　　）突然反接来实现。

A. 励磁绕组　　B. 电枢绕组　　C. 反接制动

三、简答题

1. 画出电压继电器的图形符号。

2. 如何实现直流电动机的反接制动?

3. 采用反接制动时应注意哪两点？

沿虚线剪下

※2—1—4　G—M 调速控制线路的安装

班级＿＿＿＿＿＿　姓名＿＿＿＿＿＿　学号＿＿＿＿＿＿　成绩＿＿＿＿＿＿

一、填空题

1. 直流电动机的电气调速方法有三种：一是＿＿＿＿调速；二是＿＿＿＿调速；三是＿＿＿＿调速。

2. G—M 调速系统是＿＿＿＿—＿＿＿＿调速系统的简称。

3. G—M 系统的调速＿＿＿＿好，可实现＿＿＿＿调速，具有较好的＿＿＿＿、＿＿＿＿、＿＿＿＿和＿＿＿＿控制性能。

4. 晶闸管—直流电动机调速系统是用＿＿＿＿代替 G—M 调速系统的＿＿＿＿。这种系统具有＿＿＿＿高、＿＿＿＿大、＿＿＿＿和＿＿＿＿好及噪声小等优点，正逐渐取代其他的直流调速系统。

二、选择题

1. 直流电动机电枢回路串电阻调速只能使电动机的转速在额定转速（　　）范围内进行调节。

A. 以下　　B. 以上　　C. ＋10％

2. 直流电动机通过改变主磁通调速只能使电动机的转速在额定转速（　　）范围内进行调节。

A. 以下　　B. 以上　　C. ±10％

3. 并励直流电动机采用改变主磁通进行调速时，为避免电动机振动过大，换向条件恶化，所以用这种方法调速时，其最高转速一般在（　　）r/min 以下。

A. 3 000　　B. 2 000　　C. 1 000

三、简答题

1. 电枢回路串电阻（RP）调速电路的特点？

2. 改变主磁通调速电路的特点？

3. 改变电枢电压调速电路的特点？

4. 为什么要对直流电动机进行弱磁保护？欠电流继电器是如何完成弱磁保护的？

沿虚线剪下

※2—2—1　启动控制线路安装与检修

班级____________　姓名____________　学号____________　成绩____________

一、填空题

1. 串励直流电动机与并励直流电动机相比较，主要有以下特点：一是具有较大的________，________较好；二是________较强。

2. 在要求有较大启动转矩、负载变化时转速允许变化的恒功率负载的场合，宜采用________直流电动机。

3. 串励电动机采用________的方法进行启动，目的是________。

二、选择题

1. 串励电动机采用电枢回路串联启动电阻的方法进行启动，目的是（　　）。

A. 增大启动转矩　　B. 限制启动电流　　C. 减小能量损耗

2. 在要求有大的启动转矩、负载变化时，转速允许变化的恒功率负载的场合，宜采用（　　）直流电动机。

A. 串励　　B. 并励　　C. 他励

三、问答题

1. 为什么串励直流电动机使用时，不能空载或轻载启动及运行？

2. 串励直流电动机适用于什么场合？

沿虚线剪下

＊2—2—2　正反转控制线路的安装与检修

班级____________　姓名____________　学号____________　成绩____________

一、填空题

1. 串励直流电动机使用时，切忌________或________启动及运行。

2. 位能负载时转速反向法就是强迫电动机的转速________，使电动机的转速方向与电磁转矩方向________，以实现制动目的。

3. 串励直流电动机的反转常采用________反接法来实现的。

4. 串励电动机可通过在________、改变________和改变________的方法来实现电气调速。

二、选择题

1. 串励电动机的电气调速方法有（　　）。

A. 一种　　B. 两种　　C. 三种

2. 串励直流电动机的反转常采用（　　）反接法来实现。

A. 电枢绕组　　B. 励磁绕组　　C. 电枢绕组和励磁绕组

三、问答题

1. 内燃机车和电力机车的反转均采用励磁绕组反接法来实现，为什么?

2. 串励直流电动机使用时，应注意哪些问题?

沿虚线剪下

※2—2—3　能耗制动线路的安装

班级＿＿＿＿＿＿　姓名＿＿＿＿＿＿　学号＿＿＿＿＿＿　成绩＿＿＿＿＿＿

一、填空题

1. 他励式能耗制动时，切断电动机电源，将＿＿＿＿与放电电阻接通，将＿＿＿＿与电枢绕组断开后串入分压电阻，再接入外加直流电源励磁。

2. 串励直流电动机电力制动的方法只有＿＿＿＿和＿＿＿＿两种。

3. 串励直流电动机的能耗制动分为＿＿＿＿和＿＿＿＿两种。

二、选择题

1. 自励式能耗制动是指当电动机断开电源后，将励磁绕组反接并与电枢绕组和制动电阻（　　）构成闭合回路，使惯性运转的电枢处于自励发电状态，产生与原方向（　　）的电磁转矩，迫使电动机迅速停转。

A. 串联　相反　　B. 串联　相同　　C. 并联　相同

2. 他励式能耗制动不仅需要外加的（　　）电源设备，而且（　　）电路消耗的功率较大，所以经济性较差。

A. 直流　电枢　　B. 交流　励磁　　C. 直流　励磁

三、问答题

1. 试分析小型串励直流电动机他励式能耗制动控制线路的工作原理。

2. 串励直流电动机如何实现自励式能耗制动？这种制动方式有哪些优点和缺点？

沿虚线剪下

※2—2—4　反接制动控制电路的安装

班级＿＿＿＿＿＿　姓名＿＿＿＿＿＿　学号＿＿＿＿＿＿　成绩＿＿＿＿＿＿

一、填空题

1. 串励电动机的反接制动可通过两种方式来实现：一是＿＿＿＿；二是＿＿＿＿。

2. 采用电枢反接制动时，不能直接将电源极性＿＿＿＿，否则，由于＿＿＿＿和＿＿＿＿同时反向，起不到制动作用。

3. 由于串励直流电动机的理想空载转速趋于＿＿＿＿，所以运行中不可能满足＿＿＿＿。

二、选择题

1. 电动机在重物（位能负载）的作用下，转速 n 与电磁转矩 T（　　），使电动机处于制动状态。

A. 反向　　B. 同向　　C. 无法判断

2. 主令控制器的触点额定电流一般（　　），一般用来控制接触器等电气设备。

A. 很大　　B. 很小　　C. 和凸轮控制器一样

三、问答题

1. 试分析小型串励直流电动机他励式能耗制动控制线路的工作原理。

2. 什么是位能负载时的转速反向法？

3. 串励直流电动采用电枢发反接制动时，通过改变外电源的电压极性是否能达到制动目的？为什么？

沿虚线剪下

3—1—1　认识 CA6140 型车床

班级________ 姓名________ 学号________ 成绩________

一、填空题

1. CA6140 型车床有 3 台电动机，它们分别是________、________和________。

2. CA6140 型车床的主运动是________，进给运动是________。

3. CA6140 型车床电气控制线路中的电气保护措施有________、________和________。

二、判断题

1. CA6140 型车床主轴的正反转是由主轴电动机 M1 的正反转来实现的。（　）

2. CA6140 型车床在正常工作时，钥匙开关 SB 和行程开关 SQ2 的常开触头是断开的。（　）

3. 在操作 CA6140 型车床时，按下 SB2，发现接触器 KM 得电工作，但电动机 M1 不能启动，则故障原因可能是热继电器 FR1 动作后未复位。（　）

三、填图题

将题图 3—1—1 中的机床的结构名称补充完整。

题图 3—1—1

四、问答题

1. CA6140 型车床的主要形式有哪些？

2. 简述对机床电气设备维修的一般要求。

沿虚线剪下

3—1—2　CA6140 型车床主电路常见电气故障的检修

班级＿＿＿＿＿＿　姓名＿＿＿＿＿＿　学号＿＿＿＿＿＿　成绩＿＿＿＿＿＿

一、填空题

1. CA6140 型车床的主轴电动机没有反转控制，主轴的反转靠＿＿＿＿实现。

2. 主轴电动机 M1 的启动与停止分别由按钮＿＿＿＿、＿＿＿＿控制，主轴的正反转是由＿＿＿＿实现的。

3. 在操作 CA6140 型车床时，按下启动按钮 SB2，发现接触器 KM 得电动作，但主轴电动机 M1 不能启动，则故障原因可能是＿＿＿＿。

4. 补充工作原理

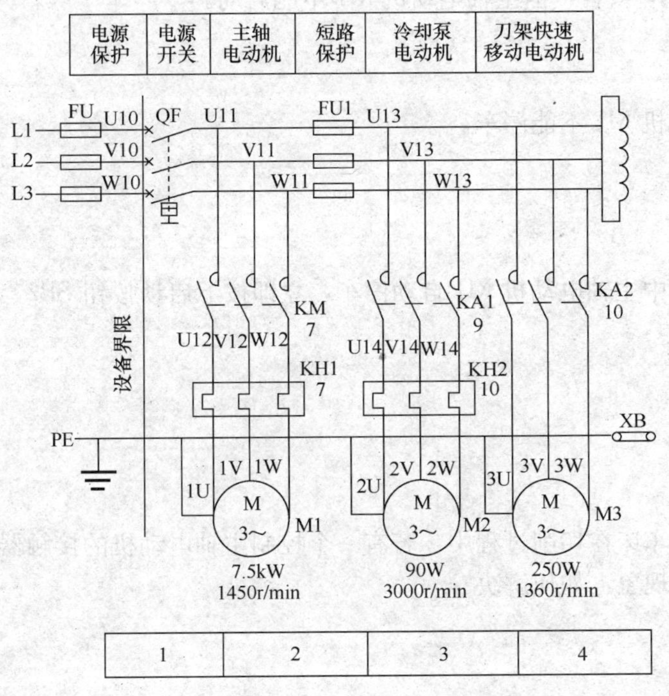

图 3—1—2

(1) 主轴电动机 M1：由＿＿＿＿控制，带动主轴旋转和驱动刀架进给运动，由＿＿＿＿和＿＿＿＿作为短路保护，＿＿＿＿作为过载保护，＿＿＿＿作为欠失压保护。

（2）冷却泵电动机 M2：由于容量不大，所以用________来控制，为切削加工过程中提供冷却液，由________作为过载保护：由于是点动控制短时工作制且容量不大，故也用________控制且未设过载保护，M3 的功能是________。

（3）FU1 作为________、________和________的短路保护。

二、选择题

1. CA6140 型车床主轴的调速采用（　　）。

A. 电气调速　　B. 齿轮箱进行机械有级调速　　C. 机械与电气配合调速

2. CA6140 型车床主轴电动机 M1 的失压保护（　　）完成。

A. 接触器自锁环节　　B. 低压断路器　　C. 热继电器

3. CA6140 型车床的主轴电动机应选用（　　）。

A. 直流电动机　　B. 三相异步电动机　C. 三相绕线转子异步电动机

4. 按下启动按钮后，主轴电动机 M1 启动后不能自锁，则故障原因可能（　　）。

A. 接触器 KM 的自锁触头接触不良　　B. 接触器 KM 的主触头接触不良

C. 热继电器 KH1 接触不良

三、问答题

1. 结合教材所示原理图，根据下列故障现象分析产生故障的原因：

（1）接触器 KM 吸合，但主轴电动机 M1 不能启动。

（2）主轴电动机 M1 不能停车。

（3）运行过程中主轴电动机 M1 自动停车，立即按下启动按钮 SB2，但电动机不能启动。

2. CA6140 型车床在切削过程中，若有一个控制主轴电动机的接触器主触头接触不良，会出现什么现象，如何解决？

沿虚线剪下

3—1—3　CA6140 型车床电气控制线路常见电气故障的检修

班级____________　姓名____________　学号____________　成绩____________

一、填空

1. 根据教材原理图所示 CA6140 型卧式车床的电路图填空：

（1）主轴电动机 M1 的和冷却泵电动机 M2 在控制电路中实现了________，即只有________启动运转后，________才能启动运转。

（2）刀架快速移动电动机 M3 采用______控制，刀架移动方向的改变是由______实现的。

2. 根据教材 CA6140 型卧床式车床的电路图填空：

（1）热继电器 KH1、KH2 为电动机 M1、M2 提供_______；熔断器 FU 为电动机_______提供短路保护；FU1 为电动机_______、_______和控制变压器 TC 提供短路保护。

（2）在电路正常工作时，位置开关 SQ1 的常开触头处于________状态；开关 SB 和位置开关 SQ2 的常闭触头处于________状态。

二、判断题

1. 车床车削螺纹是靠刀架移动和主轴转动（按固定比例）来完成的。　（　）

2. CA6140 型车床的主轴电动机 M1 因过载而停转，热继电器 KH1 的常闭触头是否复位，冷却泵电动机 M2 和刀架快速移动 M3 的运转无任何影响。　（　）

3. 如果加强对电气设备日常维护保养，就可以杜绝电气故障的发生。　（　）

三、选择题

1. CA6140 型车床主轴电动机 M2 的过载保护由（　）完成。

A. 接触器自锁环节　B. 低压断路器 QF　C. 热继电器 KH1

2. CA6140 型车床调速是（　）。

A. 电气无级调速　B. 齿轮箱进行机械有级调速　C. 电气与机械配合调速

四、问答题

1. 在 CA6140 型车床电气控制线路中，为什么未对 M3 进行过载保护？

2. 结合教材原理图，分析刀架快速移动电动机 M3 不能启动故障产生的原因。

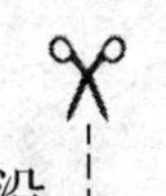

沿虚线剪下

3—2—1　认识 M7130 型平面磨床

班级____________　姓名____________　学号____________　成绩____________

一、填空题

1. M7130 型平面磨床是________工作台式，其主要运动式砂轮的________，辅助运动是工作台的________以及砂轮架的________。

2. M7310 型平面磨床的工作台能在________、________和________三个方向快速移动，由液压传动机构驱动实现。

3. 为保证安全，M7130 型平面磨床的电磁吸盘与三台电动机 M1、M2、M3 之间有________，及电磁吸盘________后，电动机才能启动。电磁吸盘________时，三台电动机均不能启动。

4. M7130 型平面磨床的砂轮电动机 M1 和冷却泵电动机 M2 在________上实现顺序控制。

二、填图题

将图中的机床的结构名称补充完整。

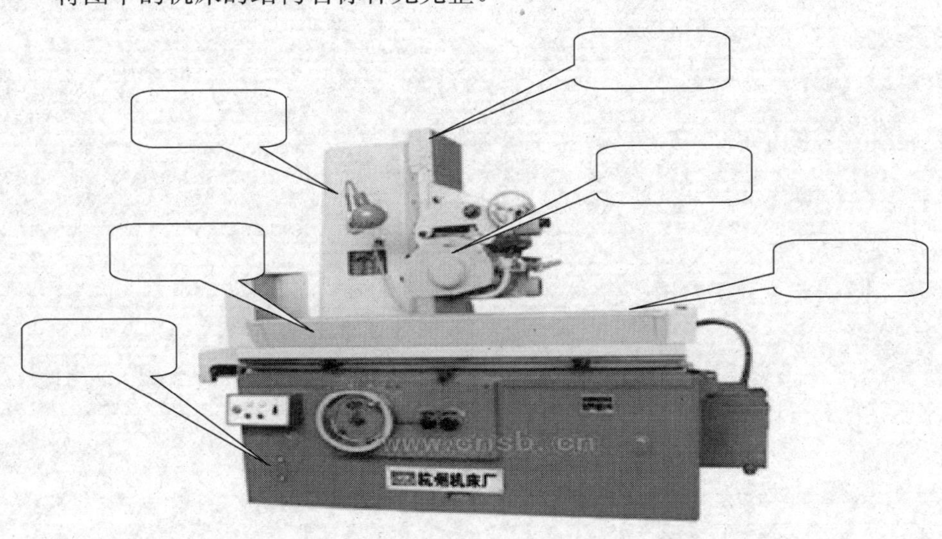

图 3—2—1

三、问答题

M7310 型平面磨床使用中应注意哪些问题?

3—2—2 M7130 型平面磨床主电路常见故障检修

班级＿＿＿＿＿＿ 姓名＿＿＿＿＿＿ 学号＿＿＿＿＿＿ 成绩＿＿＿＿＿＿

一、填空题

1. M7310 型平面磨床砂轮架的升降运动是通过操作手轮由＿＿＿＿实现的。

2. 结合教材所示 M7130 型平明磨床的电路图填空：

砂轮电动机 M1 由接触器＿＿＿＿控制，由＿＿＿＿做过载保护，由＿＿＿＿作短路保护。

3. M7130 型平面磨床砂轮在加工过程中＿＿＿＿。

4. 补充工作原理

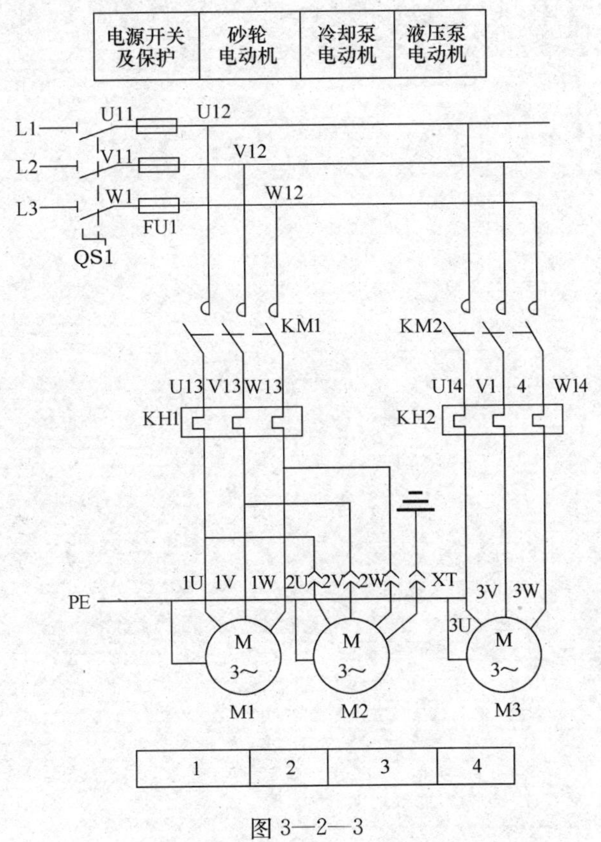

图 3—2—3

（1）＿＿＿＿为砂轮电动机，由＿＿＿＿控制，当 KM1 线圈得电时，KM1 主触头闭合，电动机 M1 得电正转，拖动砂轮高速旋转，实现对工件磨削加工，＿＿＿＿

作为短路保护，________作为过载保护。

（2）________为冷却泵电动机，由接触器________和________控制，M1 启动后 M2 才能启动，M2 带动冷却泵为磨削加工过程中供应冷却液，从而达到降低工件和砂轮温度的目的，同样也是由________和________分别作为 M2 的短路和过载保护。

（3）M3 为液压泵电动机，由________控制，为液压系统提供动力，带动工作台往返运动以及砂轮架进给运动，M3 的短路保护由________实现，过载保护由________实现。

二、判断题

1. M7130 型平面磨床的砂轮架的横向进给运动只能由液压传动。（ ）

2. M7130 型平面磨床的砂轮要求有较高的转速，通常采用两极笼型异步电动机驱动。（ ）

3. M7130 型平面磨床在磨削工件的过程中，工作台换向时，砂轮架就横向进给一次。（ ）

三、问答题

M7310 型平面磨床常见故障有哪些？

沿虚线剪下

3—2—3 M7130 型平面磨床电气控制线路常见故障检修

班级__________ 姓名__________ 学号__________ 成绩__________

一、填空题

1. 工件加工完毕后，先把 SQ2 扳到________位置，切断电磁吸盘 YH 的直流电源。然后将 SQ2 扳到________位置，电磁吸盘 YH 通入较小的（因串入了退磁电阻 R2）反向电流进行退磁。

2. 电磁吸盘是磨床上用来________加工工件的一种夹具，当电磁吸盘________时，工件被牢牢地吸附在电磁吸盘上；当________时，工件可从电磁吸盘上拿下。

3. 结合教材所示 M7130 平面磨床的电路图填空：

电磁吸盘与单台电动机之间有________，即电磁吸盘________后，电动机才能启动；电磁吸盘________时，三台电动机均不能启动。

4. M7130 型平面磨床电磁吸盘的保护电路是由________和________组成。

5. 若电磁吸盘电源电压不正常，大多是因为________短路或断路造成的。

二、判断题

1. M7130 型平面磨床的工作台采用了液压传动，当工作台前侧的换向挡铁碰撞床身上的液压换向开关时，工作台便自动改变了运动方向，实现了工作台的纵向往复运动。（　　）

2. M7130 型平面磨床工作台的往复运动是由电动机 M3 正反转来拖动实现的。（　　）

3. 电磁吸盘吸力不足可能是电磁吸盘损坏或整流器输出电压不正常造成的。（　　）

三、选择题

1. M7130 型平面磨床电磁吸盘与三台电动机 M1、M2、M3 之间的电气联锁是由（　　）实现的。

A. SQ2　　B. KA　　C. SQ2 和 KA 的常开触头（3—4）

2. 电磁吸盘的吸力不足，经检查发现整流器空载输出电压正常，而负载时输出电压远远低于 110 V，由此可判断电磁吸盘线圈（　　）。

A. 断路　　B. 短路　　C. 无故障

3. 若电磁吸盘电路中的电阻 R2 开路，则会造成（　　）。

A. 吸盘不能充磁　　B. 吸盘不能退磁　　C. 吸盘既不能充磁也不能退磁

四、问答题

1. 电磁吸盘作为一种夹具与机械夹具比较，有哪些优点和缺点？

2. 电磁吸盘电路分为哪三部分？电阻 R3 和欠电流继电器 KA 的作用是什么？

3. 结合教材中所示电路图，分析回答产生下列故障的原因

（1）三台电动机都不能启动。

（2）电磁吸盘不足吸力。

（3）电磁吸盘退磁不好，工件取下困难。

沿虚线剪下

3—3—1　认识 Z3040 型摇臂钻床

班级____________　姓名____________　学号____________　成绩____________

一、填空题

1. Z3040 型摇臂钻床中需要正反转的电动机是________电动机和________电动机。

2. 结合教材所示电路图填空：摇臂的上升是由________和________联合控制实现的，能够自动完成摇臂松开→摇臂上升→摇臂夹紧的半自动控制过程。

3. 摇臂钻床主轴带动钻头的旋转运动是________；钻头的上下运动是________；主轴沿摇臂水平移动、摇臂沿外柱上下移动以及摇臂连同外柱一起相对于内立柱的回转运动是________。

4. 结合教材电路图填空

（1）该钻床共有________台三相异步电动机。他们分别是________、________、________和________。

（2）熔断器 FU1、FU2、FU3 分别作为电动机________、________的短路保护，热继电器 KH 作为电动机________的过载保护。

二、选择题

1. Z3040 型摇臂钻床的主轴（　　）。

A. 只能单向旋转

B. 由机械手柄操作正反转

C. 由电动机 M1 带动正反转

2. Z3040 型摇臂钻床上四台电动机的短路保护均由（　　）来实现。

A. 熔断器　　B. 过电流继电器　　C. 低压断路器

3. Z3040 型摇臂钻床的摇臂升降电动机 M2 采用了（　　）。

A. 接触器联锁正反转控制

B. 按钮连锁正反转控制

C. 按钮和接触器双重联锁控制

三、问答题

1. 若 Z3040 型摇臂钻床的摇臂上升后不能完全夹紧，则可能的故障原因是什么？

2. 如何保证 Z3040 型摇臂钻床摇臂的上升或下降不超出允许的极限位置?

沿虚线剪下

3—3—2 Z3040 型摇臂钻床主电路常见故障检修

班级________ 姓名________ 学号________ 成绩________

一、填空题

1. 结合教材所示原理图填空：十字开关 SA 由________和________组成，操作手柄有________、________、________、________和________ 5 个位置，当手柄扳向左端时，微动开关触头________闭合，________线圈得电并自锁；当手柄扳向右端时，微动开关触头________闭合，________线圈得电吸合，电动机________运转并带动主轴旋转；当手柄扳向上端时，触头________闭合，________线圈得电吸合，________运转并带动摇臂下降；当手柄扳向中间位置时，触头全部________，控制电路________。

2. Z3040 型摇臂钻床的主轴箱在摇臂上的移动靠________。

3. Z3040 型摇臂钻床的各种工作状态都是通过________操作的。主轴的正反转是通过________实现的，主轴转速和进刀量用________调节。

4. Z3040 型摇臂钻床主要由________、________、________、________、________、________、________、________等组成。

5. Z3040 型摇臂钻床内力柱固定在底座上，在它的外面套着________，外立柱可绕着不动的内立柱回转________。

6. Z3040 型摇臂钻床的摇臂的夹紧和放松是由________配合________自动进行的，并有夹紧、放松指示。

二、判断题

1. Z3040 型摇臂钻床的摇臂夹紧与放松和立柱的夹紧与放松都是由电动机 M3 和 M4 的正反转拖动液压装置来完成。（ ）

2. Z3040 型摇臂钻床实现摇臂升降限位保护的电器是位置开关 SQ1 和 SQ2。（ ）

3. 摇臂钻床的摇臂可绕外立柱回转。（ ）

三、选择题

1. Z3040 型摇臂钻床的摇臂夹紧与放松是由（ ）控制。

A. 机械　B. 电气　C. 机械和电气联合

2. Z3040 型摇臂钻床的摇臂上升时，当摇臂完全松开后，鼓形组合开关（ ），为摇臂上升结束时的自动夹紧做好准备。

A. S1 的触头（3—9）未闭合　B. S1 的触头（3—6）未闭合

C. S2 的触头（3—11）未闭合

3. Z3040 型摇臂钻床大修后，若将摇臂升降电动机的三相电源相序接反，则会出现(　　)的现象。

A. 电动机不能启动　　B. 上升和下降方向颠倒　　C. 电动机不能停止

四、问答题

1. 结合教材原理图所示 Z3040 型摇臂钻床的电路图，回答以下问题：

(1) 简述摇臂下降的工作过程。

(2) 是摇臂升降后不能按需要停止的故障原因有哪些？若出现这种情况应该怎么办？

2. 主轴电动机不能启动的故障原因有哪些？试用流程图分析。

沿虚线剪下

3—3—3 Z3040型摇臂钻床电气控制线路常见故障检修

班级＿＿＿＿＿＿ 姓名＿＿＿＿＿＿ 学号＿＿＿＿＿＿ 成绩＿＿＿＿＿＿

一、填空题

1. 结合教材所示原理图填空：

（1）要是摇臂和外立柱绕内立柱转动，应首先＿＿＿＿外立柱，这时可拨动机械手柄使位置开关＿＿＿＿动作，接触器＿＿＿＿线圈得电吸合，电动机＿＿＿＿拖动液压泵正向工作，使立柱夹紧装置放松。

（2）当立柱的夹紧装置完全放松时，组合开关＿＿＿＿的触头动作，其常闭触头＿＿＿＿分断，使接触器＿＿＿＿断电释放，M4停转，而其常开触头＿＿＿＿闭合，为立柱的夹紧做好准备。

（3）当摇臂转动到所需位置要夹紧时，可扳动手柄使位置开关＿＿＿＿复位，接触器＿＿＿＿线圈得电吸合，电动机＿＿＿＿带动液压泵反向运转，使立柱夹紧。待完全夹紧后，组合开关＿＿＿＿复位，接触器＿＿＿＿的线圈失电，电动机＿＿＿＿停转。

2. 电动机M1是由＿＿＿＿控制的，M2、M3、M4则分别由接触器＿＿＿＿、＿＿＿＿、＿＿＿＿控制的，其中＿＿＿＿只需单向运转，＿＿＿＿要求双向旋转。

3. Z3040型摇臂钻床的各种工作状态都是通过＿＿＿＿操作的，主轴的正反转是通过＿＿＿＿实现的，主轴转速和进刀量用＿＿＿＿调节。

4. Z3040型摇臂钻床共有＿＿＿＿台电动机，它们分别是＿＿＿＿、＿＿＿＿、＿＿＿＿和＿＿＿＿。

5. 电动机M1、M2、M3分别由接触器＿＿＿＿、＿＿＿＿、＿＿＿＿、＿＿＿＿、＿＿＿＿控制，热继电器KH1、KH2为电动机＿＿＿＿和＿＿＿＿的过载及断相保护。

6. 4台电动机中，＿＿＿＿和＿＿＿＿只要求单向运转，＿＿＿＿和＿＿＿＿要求双向运转。

7. 启动主轴电动机M1应按下按钮＿＿＿＿，下降时应按下按钮＿＿＿＿。

8. 要是要比上升应按下按钮＿＿＿＿，下降时应按下按钮＿＿＿＿。

9. 组合开关SQ1a和SQ1b分别作为摇臂上升和下降的＿＿＿＿，若两者的安装位置对换，则摇臂上升和下降的＿＿＿＿，将造成重大事故。

10. 若使立柱和主轴箱先同时松开再同时夹紧，则应先把转换开关SA1拨到＿＿＿＿位置，然后再分别按下按钮＿＿＿＿和＿＿＿＿。

二、判断题

1. Z3040 型摇臂钻床没有零压保护环节，其目的是保护主轴电动机 M2。（　　）

2. Z3040 型摇臂钻床实现摇臂升降限位保护的电器是位置开关 SQ1 和 SQ2。（　　）

3. Z3040 型摇臂钻床的摇臂夹紧与放松和立柱的夹紧与放松都是由电动机 M3 和 M4 的正反转拖动液压装置来完成的。（　　）

三、选择题

1. 钻床的外立柱可绕着不动的内立柱回转（　　）。

A. 90°　　B. 180°　　C. 360°

2. Z3040 型摇臂钻床的摇臂夹紧与放松是由（　　）控制的。

A. 机械　　B. 电气　　C. 机械和电气联合

3. Z3040 型摇臂转床的摇臂上升时，当摇臂完全松开后，鼓形组合开关（　　），为摇臂上升结束时的自动夹紧做好准备。

A. S1 常开触头（3—6）闭合　　B. S1 常开触头（3—9）闭合

C. S1 常开触头（3—6）断开　　D. S1 常开触头（3—9）断开

四、问答题

1. 结合教材所示 Z3040 型摇臂钻床的电路图，回答以下问题

（1）主轴电动机 M2 不能停转的故障原因有哪些？如何排除？

（2）若出现主轴箱和立柱的松紧故障，应着重检查哪几部分？

2. KT 时间继电器的作用有哪些？

沿虚线剪下

※3—4—1 认识 X62W 型万能铣床

班级________ 姓名________ 学号________ 成绩________

一、填空题

1. X62W 型万能铣床是________铣床，它的铣头________方向放置；X52K 型万能铣床是________铣床，它的铣头________方向放置。

2. 铣床的主轴带动铣刀的旋转运动是________；铣床工作台前后、左右和上下 6 个方向的运动是________；工作台的旋转运动是________。

3. X62W 型万能铣床的主轴运动和进给运动是通过________来进行变速的，为保证变速齿轮进入良好啮合状态，要求铣床变速后作________。

4. X62W 型万能铣床工作台的进给有六个方向即________、________、________、________、________和________。

5. 为保证变速后齿轮能良好啮合，X62W 型万能铣床主轴和进给变速后，都要求电动机做________，即________。

二、判断题

1. X62W 型万能铣床的顺铣和逆铣加工是由主轴电动机 M1 的正反转来实现的。（ ）

2. 对于 X62W 型万能铣床为了避免损坏刀具和机床，要求只要电动机 M1、M2、M3 有一台过载，三台电动机都必须停止运转。（ ）

3. 为了提高工作效率，X62W 型万能铣床要求主轴和进给功能同时启动和停止。（ ）

4. X62W 型万能铣床工作台地快速运动是由专门的电动机拖动的。（ ）

三、选择题

1. X62W 型万能铣床的操作方法是（ ）。

A. 全用按钮　　B. 全用手柄　　C. 既可用按钮又可用手柄

2. 安装在 X62W 型万能铣床工作台上的工作可以在（ ）方向调整位置或进给。

A. 2 个　　B. 4 个　　C. 6 个

3. X62W 型万能铣床上，由于主轴系统传动系统中装有（ ），为减小停车时间必须采用制动措施。

A. 摩擦轮　　B. 惯性轮　　C. 电磁离合器

四、问答题

X62W 万能铣床的工作能在哪些方向上调整位置或进给？是怎样实现的？

沿虚线剪下

* 3—4—2　X62W 型万能铣床主电路常见电气故障检修

班级＿＿＿＿＿＿　姓名＿＿＿＿＿＿　学号＿＿＿＿＿＿　成绩＿＿＿＿＿＿

一、填空

1. 结合教材所示 X62W 型万能铣床电路图填空

（1）进给电动机 M2 的正反转由接触器＿＿＿＿控制，通过＿＿＿＿和＿＿＿＿的配合拖动工作台完成 6 个方向的进给运动和快速移动。

（2）工作台左、右进给操纵手柄与位置开关＿＿＿＿和＿＿＿＿联动，有＿＿＿＿、＿＿＿＿、＿＿＿＿三个位置。要使工作台向左进给，手柄应扳向＿＿＿＿端，压下位置开关＿＿＿＿，使接触器＿＿＿＿通电吸合，电动机 M2＿＿＿＿，其转动链与工作台下面的＿＿＿＿搭合；要是工作台停止，手柄应扳向＿＿＿＿位置。

（3）进给变速冲动过程中，挡块压下位置开关＿＿＿＿，使触头＿＿＿＿先断开，＿＿＿＿后闭合，接触器＿＿＿＿通电吸合，M2 启动。随着变速盘复位，触头＿＿＿＿先断开，＿＿＿＿后闭合，M2 又断电，使齿轮系统产生一次抖动，齿轮顺序啮合。

二、判断题

1. 进给操作手柄被置定于某一方向后，电动机 M2 只能朝一个方向旋转，其传动链也只能与一根丝杠搭合。（　）

2. 进给变速时的冲动控制也是通过变速手柄与冲动位置开关 SQ1 来实现的。（　）

三、选择题

1. 当左右进给操作手柄扳向右端时，将压合行程开关（　）。

A. SQ1　B. SQ2　C. SQ3　D. SQ4　E. SQ5　F. SQ6

2. 当上下前后进给操作手柄扳向上端时，将压合行程开关（　）。

A. SQ1　B. SQ2　C. SQ3　D. SQ4　E. SQ5　F. SQ6

3. 若 X62W 型万能铣床工作台正在向右进给，工人误操作，又将另一个手柄向下压，这时联锁触头（　）断开，使 KM3 失电，M2 停转。

A. SQ6－2 和 SQ3－2　B. SQ5－2 和 SQ6－2　C. SQ3－2 和 SQ4－2

四、问答题

X62W 型万能铣床对进给系统有哪些电气要求？

沿虚线剪下

＊3—4—3 X62W 型万能铣床控制电路常见电气故障检修

班级________ 姓名________ 学号________ 成绩________

一、填空题

1. 结合教材图所示 X62W 型万能铣床电路图填空：

(1) 进给电动机 M2 的正反转由接触器________控制，通过________和________的配合拖动工作台完成 6 个方向的进给运动和快速移动。

(2) 工作台左、右进给操纵手柄与位置开关________和________联动，有________、________、________三个位置。要使工作台向左进给，手柄应扳向________端，压下位置开关________，使接触器________通电吸合，电动机 M2 ________，其转动链与工作台下面的________搭合；要是工作台停止，手柄应扳向________位置。

(3) 进给变速冲动过程中，挡块压下位置开关________，使触头________先断开，________后闭合，接触器________通电吸合，M2 启动。随着变速盘复位，触头________先断开，________后闭合，M2 又断电，使齿轮系统产生一次抖动，齿轮顺序啮合。

2. 结合教材图所示 X62W 型万能铣床电路图填空：

(1) 冷却泵电动机 M3 必须在________启动后才能启动，其控制开关是________。

(2) 圆形工作台是由转换开关________控制的，当其旋转时，触头________和________处于断开状态，________处于闭合状态，接触器________得电动作，电动机________运转；当其停转时，触头________处于断开状态，________和________处于闭合状态。

(3) 工作台上、下、前、后进给操纵手柄与位置开关________和________联动，有________、________、________、________、________ 5 个位置。要使工作台向下进给，手柄应扳向________端，压下位置开关________，使接触器________通电吸合，电动机 M2 ________，其转动链与升降台________搭合；要使工作台向前进给时，手柄应扳向________端，压下位置开关________，使接触器________通电吸合，电动机 M2 ________，其传动链和溜板下面的________搭合。

(4) 主轴电动机 M1 和冷却泵电动机 M3 在________中实现了顺序控制。

二、判断题

1. 进给操作手柄被置定于某一方向后，电动机 M2 只能朝一个方向旋转，其传动链也只能与一根丝杠搭合。 ( )

2. 进给变速时的冲动控制也是通过变速手柄与冲动位置开关 SQ1 来实现的。（　　）

3. 圆形工作台工作时，允许工作台有六个方向的进给运动。（　　）

4. 圆形工作台加工不需要调速，也不要求正反转。（　　）

5. 圆工作台的运动与否对工作台在 6 个方向的进给运动无影响。（　　）

三、选择题

1. 当左右进给操作手柄扳向右端时，将压合行程开关（　　）。

A. SQ1　B. SQ2　C. SQ3　D. SQ4　E. SQ5　F. SQ6

2. 当上下前后进给操作手柄扳向上端时，将压合行程开关（　　）。

A. SQ1　B. SQ2　C. SQ3　D. SQ4　E. SQ5　F. SQ6

3. 若 X62W 型万能铣床工作台正在向右进给，工人误操作，又将另一个手柄向下压，这时联锁触头（　　）断开，是 KM3 失电，M2 停转。

A. SQ6—2 和 SQ3—2　B. SQ5—2 和 SQ6—2　C. SQ3—2 和 SQ4—2

4. 工作台进给没有采取制动措施，是因为（　　）。

A. 惯性小　B. 速度不高且用丝杠传动　C. 有机械制动

5. 圆形工作台的回转运动是由（　　）经传动机构驱动的。

A. 主轴电动机 M1　B、进给电动机 M2　C. 冷却泵电动机 M3

6. 为了可靠，电磁离合器 YC1、YC2、YC3 采用了（　　）电源。

A. 直流　B. 交流　C. 高频交流

7. 当接触器 KM3 吸合，电动机 M2 正转，可以带动工作台在（　　）三个方向的进给；当接触器 KM4 吸合后，电动机 M2 反转，可以带动工作台在（　　）三个方向的进给。

A. 左、前、下　B. 右、上、后　C. 上、下、前　D. 左、右、后

8. 由于 X62W 型铣床圆形工作台的通电线路经过（　　），所以，任意一个进给手柄不在零位时，都将使圆工作台停下来。

A. 进给系统位置开关的所有常闭触头

B. 进给系统位置开关的所有常开触头

C. 进给系统位置开关的所有常开及常闭触头

四、问答题

X62W 型万能铣床对进给系统有哪些电气要求？

沿虚线剪下

＊3—5—1　认识 T68 型镗床

班级________　姓名________　学号________　成绩________

填空题

1. 镗床主轴的轴向进给，花盘上刀具溜板的径向进给，工作台的横向和纵向进给，主轴箱沿________的升降运动。

2. T68 型卧式镗床主要由________、________、________、________、________、________、________和________等部分组成。

3. 镗床的主运动及各种常速进给运动都是由________来驱动，但机床各部分的快速进给运动是由________来驱动。

＊3—5—2　T68 型卧式镗床主电路电气故障检修

班级＿＿＿＿＿＿　姓名＿＿＿＿＿＿　学号＿＿＿＿＿＿　成绩＿＿＿＿＿＿

一、填空题

1. T68 型卧式镗床共有两台电动机，主轴电动机 M1 是一台＿＿＿＿，用来驱动＿＿＿＿以及＿＿＿＿。

2. 快速进给电动机 M2 用来驱动＿＿＿＿和＿＿＿＿等部件快速移动，它由＿＿＿＿和＿＿＿＿分别控制实现正反转，由于短时工作，故不需要过载保护，熔断器 FU2 作为＿＿＿＿。

3. 热继电器 KH 作＿＿＿＿。

二、问答题

T68 镗床启动与制动有何特点?

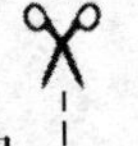

沿虚线剪下

※3—5—3 T68 型镗床控制电路电气故障检修

班级________ 姓名________ 学号________ 成绩________

一、填空题

1. 主轴电动机 M1 反向启动低速控制由________控制，通过中间继电器________，接触器________、________和________来实现。

2. 主轴电动机 M1 正向点动控制是由________，接触器________和________控制实现的。此时主轴电动机 M1 接成________。

3. 高速控制时，将________转至“________”位置，压下限位开关________，其常开触头 SQ7（11－12）________。

二、问答题

T68 型卧式镗床的运动形式有哪几种？

3—6　机床电气的保养、大修周期、内容、质量要求及机床电气检修

班级____________　姓名____________　学号____________　成绩____________

一、判断题

1. 只要加强对电气设备的日常维护和保养，就可以杜绝电气事故的发生。（　　）
2. 维修时可根据实际需要修改生产机械的电气控制线路。（　　）
3. 在实际检修机床电气故障过程中，不同的测量方法可交叉使用。（　　）
4. 短接法既适用于检查控制电路的故障，也适用于检查主电路的故障。（　　）
5. 在故障的修理过程中，一般情况下应做到尽量复原。（　　）

二、选择题

1. 由于导线绝缘老化而造成的设备故障属于（　　）。

   A. 自然故障　　B. 人为故障　　C. 无法确定

2. 金属切削机床的一级保养一般（　　）左右进行一次。

   A. 一个月　　B. 一季度　　C. 半年

3. 金属切削机床的二级保养一般（　　）左右进行一次。

   A. 一季度　　B. 半年　　C. 一年

4. 电动机三相负载任何一相中的电流与其三相平均值相差不允许超过（　　）。

   A. 5%　　B. 10%　　C. 20%

三、问答题

1. 对机床电气柜内的电气元件进行一级保养的内容是什么？

2. 对机床电气柜内的电气元件进行二级保养的内容是什么？